Siddharth Amblimath
Lu Xiao

Estudo de um sistema de suspensão ativa auto-alimentado utilizando um atuador linear

Siddharth Amblimath
Lu Xiao

Estudo de um sistema de suspensão ativa auto-alimentado utilizando um atuador linear

ScienciaScripts

Imprint

Cover image: www.ingimage.com

This book is a translation from the original published under ISBN 978-3-659-87105-4.

Publisher:
Sciencia Scripts
is a trademark of
Dodo Books Indian Ocean Ltd. and OmniScriptum S.R.L publishing group

120 High Road, East Finchley, London, N2 9ED, United Kingdom
Str. Armeneasca 28/1, office 1, Chisinau MD-2012, Republic of Moldova, Europe
Managing Directors: Ieva Konstantinova, Victoria Ursu
info@omniscriptum.com

Printed at: see last page
ISBN: 978-620-8-52768-6

Agradecimentos

Gostaria de agradecer ao meu supervisor, Prof. Farbod Khoshnoud, pelos seus conselhos amigáveis e pelo apoio às minhas ideias e decisões. Obrigado a Xiao Lu, meu amigo e colega, pela sua paciência e ajuda. Obrigado às muitas pessoas da Universidade de Brunel que tornaram este trabalho possível.

Estou grato à Brunel University London por me ter proporcionado os melhores recursos e infra-estruturas para me ajudar durante o meu tempo aqui.

Estou imensamente grato pelo apoio e paciência da minha família. A sua forte confiança em mim ajudou-me a ganhar confiança em mim próprio.

ÍNDICE DE CONTEÚDOS:

CAPÍTULO 1

1. Introdução

Tradicionalmente, a suspensão tem sido concebida para obter um desempenho ótimo entre os factores contraditórios de isolamento da carroçaria do veículo das vibrações, de aumento do conforto de condução e de manutenção do contacto estrada-veículo para uma melhor manobrabilidade do veículo [30][31]. Para obter um conforto de condução desejável, é necessária uma suspensão macia, mas, para proporcionar boas caraterísticas de manobrabilidade, é necessária uma suspensão muito mais rígida [72].

Ultimamente, tem sido realizada uma quantidade significativa de investigação sobre sistemas de suspensão ativa e semi-ativa como forma de erradicar a necessidade de compromisso e permitir um controlo ótimo tanto do comportamento como da qualidade da condução. Grande parte desta investigação foi concluída com a aplicação da teoria do controlo ótimo, como o controlo LQR (Regulador Quadrático Linear) aplicado a um modelo de um quarto de automóvel. Recentemente, tem-se verificado uma tendência para a utilização de modelos de automóveis completos no controlo da suspensão ativa, devido à maior precisão proporcionada pela consideração de todo o sistema.

De acordo com as tendências do desenvolvimento automóvel, a captação de energia em sistemas de suspensão tem sido estudada e desenvolvida extensivamente nos últimos anos. A recuperação do calor dos gases de escape e a regeneração da energia dos travões já foram implementadas com êxito em veículos de produção regular.

O objetivo do trabalho neste relatório é analisar as capacidades de captação de energia através de simulação teórica e experimentação prática. O relatório aborda os modelos teóricos desenvolvidos para estudar o desempenho da suspensão ativa e as capacidades de captação de energia, bem como a conceção de um banco de ensaios para um quarto de automóvel.

1.1 Finalidades e objectivos

O projeto visa estudar a recolha de energia em suspensões de automóveis e o funcionamento da suspensão ativa em modo autoalimentado. Para o efeito, serão utilizados modelos de um quarto de carro e de um meio carro. Além disso, será construída uma instalação experimental que será utilizada para validar os resultados obtidos através de simulação. A instalação experimental deve incorporar actuadores lineares para realizar as tarefas de suspensão

ativa e de regeneração de energia.
O modelo teórico desenvolvido e a configuração experimental devem ser simulados com vários perfis de estrada e velocidades de deslocação do veículo. Os resultados obtidos serão utilizados para analisar o desempenho da suspensão ativa e o balanço energético do atuador .

CAPÍTULO 2

2. Revisão da literatura

2.1 História da recolha de energia

Em 2001, Goldner e Zerigian realizaram um estudo para provar o conceito de utilização da tecnologia regenerativa em sistemas de suspensão automóvel. Utilizaram um banco de ensaio que incorporava um modelo de um quarto de carro com amortecedores magnéticos regenerativos. Este foi sujeito a solavancos de diferentes alturas e velocidades do veículo. Utilizaram um modelo de amortecimento por correntes de Foucault para simular o amortecimento. Conseguiram estimar que cerca de 20% a 70% da energia de tração poderia ser recuperada em auto-estradas lisas.
A utilização de um único atuador elétrico em equipamento de suspensão ativa foi estudada em [42]. Propuseram que um sistema auto-alimentado poderia ser viável através de uma análise adequada do balanço energético. Mostraram também que o atuador é capaz de produzir forças de controlo adequadas e que o seu desempenho é comparável ao de um sistema de suspensão ativa.
Vários estudos realizados por Roundy et al. [46-48] mostraram que a eficiência da captação de energia a partir de vibrações depende de vários factores. Estes factores revelaram-se comuns à maioria dos métodos de captação utilizados, embora tenha sido estudada a tecnologia piezoeléctrica e tenham sido estabelecidas comparações e analogias com outros métodos. Os principais factores que influenciam a produção de energia dos geradores são o coeficiente de acoplamento do sistema, o fator de qualidade do dispositivo de captação, a carga eléctrica, os geradores auto-ajustáveis e as amplas larguras de banda de funcionamento.
Estudos efectuados por Stephen [53] mostraram a base teórica para aplicações de captação de energia. Mostrou que o fluxo de energia proveniente de excitações externas dependia da frequência e da amplitude das excitações e também do tamanho do dispositivo. Ele mostrou que a captação de energia é possível quando a frequência das excitações é maior que a frequência natural do sistema co>w" , porque o sistema absorveria a energia para frequências menores que as frequências naturais. Além disso, a $co=a_{>(n)}$ a energia disponível para a extração seria zero.
A fim de tornar o conceito de suspensão ativa mais prático e económico, foi proposta uma variação por Koch et al. [27][29]. Esta seria constituída por um atuador de baixa largura de banda e um amortecedor de variação contínua. O atuador fornece a força de controlo apenas a baixas frequências e a variação do amortecimento fornece o controlo da suspensão a frequências mais

elevadas. Foram efectuadas simulações com dados representativos da estrada, tendo sido demonstrado que o conforto de condução poderia ser significativamente melhorado, satisfazendo simultaneamente as condições relativas às deformações dos pneus e da suspensão.

Montazeri-Gh e Soleymani [40] investigaram as vantagens da tecnologia de captação de energia em veículos híbridos-eléctricos. Esta tecnologia permitiria uma maior autonomia de condução. Propuseram a utilização de ultra-capacitores juntamente com as baterias, a fim de melhorar a longevidade das mesmas.

A utilização de actuadores eléctricos em vez de amortecedores hidráulicos convencionais foi desenvolvida para incorporar diferentes modos de funcionamento [6]. O sistema concebido pode funcionar em três modos utilizando a mesma infraestrutura eletromecânica, nomeadamente os modos passivo, semi-ativo e ativo. Modo de regeneração de energia ou modo de controlo dinâmico, dependendo da energia armazenada e das condições exteriores da estrada.

Foram efectuados estudos sobre a melhoria da conceção das suspensões regenerativas e os seus efeitos no conforto e na dinâmica. [34][17], Khoshnoud et al. [24][25] investigaram sistemas dinâmicos total ou parcialmente auto-alimentados. O conceito foi demonstrado através da utilização de um dirigível alimentado por energia solar. Este estudo mostrou principalmente que qualquer forma de energia cinética excessiva num sistema pode ser recolhida e utilizada novamente para criar um sistema auto-alimentado. No mínimo, a necessidade de energia externa poderia ser reduzida com a utilização de tais sistemas.

Foram efectuadas experiências com um veículo rodoviário real, submetendo-o a vibrações de frequências e amplitudes variáveis [24][25]. Verificou-se que os valores experimentais da potência recolhida estão de acordo com os valores teóricos da potência.

Em 2014, Heit e Roundy desenvolveram uma estrutura analítica para ajudar a determinar a quantidade máxima de energia que poderia ser colhida de um determinado tipo de entrada de vibração.

A capacidade de recolha de energia em diferentes modos do veículo, como o ressalto, a inclinação e a rotação, foi estudada e cerca de 900 W estavam disponíveis na média dos três modos. [25]

2.2 História da suspensão ativa

A suspensão registou desenvolvimentos consideráveis, especialmente no que diz respeito a desenvolvimentos mecânicos como molas, amortecimento e

fixação destes à carroçaria do veículo. No entanto, o advento dos sistemas de suspensão ativa melhorou drasticamente as capacidades dos automóveis. Os desenvolvimentos na tecnologia da suspensão passiva abrandaram para melhorias menores, ao passo que as áreas da suspensão semi-ativa e ativa têm uma grande margem para melhorias.
Hrovat [19] realizou um estudo para reunir e resumir vários desenvolvimentos em matéria de suspensão ativa que tiveram lugar ao longo de duas décadas. O estudo comparou modelos analíticos de suspensão ativa com base nos seus pressupostos, complexidade e eficácia para fornecer soluções óptimas. Mostrou que o sistema teria de se adaptar a diferentes condições da estrada e do veículo para proporcionar um controlo ótimo da suspensão. Além disso, previu que a utilização de modelos com graus de liberdade mais elevados permitiria uma melhor compreensão e, por conseguinte, um melhor controlo dos parâmetros da suspensão.
Outro estudo efectuado por Guido et al. [27] consistiu na conceção e construção de um banco de ensaios para um quarto de carro. A configuração construída pela equipa teve em conta as não-linearidades do sistema, como as dos pneus, molas e amortecedores. Utilizaram componentes de um quadriciclo para a massa não suspensa do equipamento, incluindo roda, pneu, braços de suspensão, barra de direção e mola. Os autores realizaram testes com parâmetros de controlo conhecidos e propuseram que o modelo construído era muito adequado para validar soluções de controlo.
Embora o sistema de suspensão ativa melhore consideravelmente o conforto de condução e as capacidades de comportamento dinâmico, os sistemas de controlo limitam a plena utilização das suas capacidades. Para responder a este problema, Koch e Kloiber [28] criaram um controlo adaptativo do estado de condução para sistemas de suspensão ativa. Diz-se que o sistema ajusta a parametrização do controlador ao estado de condução atual, melhorando assim significativamente o conforto de condução, enquanto a carga dinâmica das rodas e a deflexão da suspensão se mantêm dentro dos limites estabelecidos. O controlador utilizaria vários reguladores quadráticos lineares e interpolaria entre eles com base na carga da roda e na deflexão da suspensão.

CAPÍTULO 3

3. Informações de base

3.1 Sistemas de suspensão de veículos

Um sistema de suspensão para automóveis deve desempenhar duas tarefas principais,

- Isolar os passageiros e a carroçaria do veículo de vários choques e vibrações provocados pela estrada.
- Controlo dos movimentos da carroçaria do veículo em condições transitórias.

Tradicionalmente, são compostos por molas, amortecedores e mecanismos de guiamento das rodas. As molas deformam-se elasticamente, convertendo assim a energia cinética do movimento da roda em energia potencial na mola. Estes sistemas controlam o movimento da carroçaria do veículo, respondendo de forma previsível às perturbações externas da estrada; por conseguinte, são também designados por sistemas passivos reactivos.
Por outro lado, as suspensões activas e semi-activas são capazes de gerar forças de controlo entre a carroçaria do veículo e a roda, reagindo assim ativamente a perturbações externas da estrada. Caracterizam-se pelo requisito de que pelo menos uma parte da geração da força de suspensão seja fornecida por meios externos, como compressores, cilindros hidráulicos ou motores e actuadores eléctricos.

3.1.1 Sistemas de suspensão semi-ativa

São também vulgarmente designadas por suspensões adaptativas, na medida em que apenas podem alterar o coeficiente de amortecimento viscoso do amortecedor e não acrescentam efetivamente qualquer energia ao sistema de suspensão. A força oposta pode ser variada entre limites praticamente viáveis, mas a sua direção será a mesma que a do vetor de velocidade atual da suspensão. Uma vez que este sistema é capaz de alterar a constante de amortecimento numa gama considerável, podem ser obtidas diferentes caraterísticas de comportamento do veículo apenas variando determinados parâmetros do amortecedor. [57]
Uma vez que os amortecedores convencionais se baseiam na resistência do fluxo de fluido através de um orifício para proporcionar amortecimento, esta pode ser variada alterando as dimensões dos orifícios ou válvulas, controlando assim o fluxo de fluido que, por sua vez, controla o nível de amortecimento proporcionado. Estes são designados por amortecedores electro-hidráulicos.
Os amortecedores electro-reológicos utilizam partículas muito finas dispersas

no fluido amortecedor. Quando a coluna de fluido é sujeita a um campo elétrico, a viscosidade aparente do fluido é alterada. A magnitude desta alteração depende do campo aplicado.

Os amortecedores magnetoreológicos obtêm caraterísticas de amortecimento semelhantes utilizando um fluido amortecedor especial denominado fluido magnetoreológico e aplicando um campo magnético; a direção do campo magnético deve ser perpendicular à direção em que se pretende o amortecimento. Em ambos os casos, a alteração do campo elétrico ou magnético é utilizada para alterar as constantes do amortecedor conforme desejado.

Os sistemas semi-activos podem ser concebidos para responder automaticamente às condições da estrada ou podem ser regulados manualmente para o modo desejado. Normalmente, estes modos alteram as caraterísticas de condução, favorecendo a manobrabilidade ou o conforto.

As principais razões pelas quais estes sistemas estão a tornar-se mais comuns nos automóveis prendem-se com o facto de serem relativamente fáceis de conceber e baratos de fabricar. Além disso, o seu consumo de energia é muito inferior ao das configurações totalmente activas.

3.1.2 Sistemas de suspensão ativa

Os sistemas de suspensão ativa estão a tornar-se cada vez mais populares no mercado dos veículos de passageiros, com muitos sedans de luxo a adoptarem agora esta tecnologia [38]. Esta popularidade resulta do facto de os sistemas de suspensão ativa serem capazes de se ajustar continuamente às alterações das condições da estrada, proporcionando um melhor comportamento e desempenho da condução. Isto resulta numa melhoria do desempenho numa vasta gama de frequências e num sistema capaz de se adaptar às variações do sistema.

Nestes sistemas, os actuadores geradores de força são incorporados em paralelo com a mola. Estes actuadores podem ser hidráulicos, pneumáticos ou eléctricos.

As técnicas atualmente utilizadas para a conceção de controladores para essas aplicações exigem que os actuadores produzam forças de controlo em resposta a entradas na estrada. As abordagens para resolver estes problemas incluem a utilização de amortecimento de gancho no céu, amortecimento de gancho no solo, reguladores híbridos e reguladores quadráticos lineares. Os computadores de bordo encarregam-se do controlo dos sistemas de suspensão e podem ser incorporados noutros sistemas para melhorar a funcionalidade e a experiência do utilizador final.

3.2 Teorias do controlo da suspensão

3.2.1 Teoria do controlo do gancho de suspensão

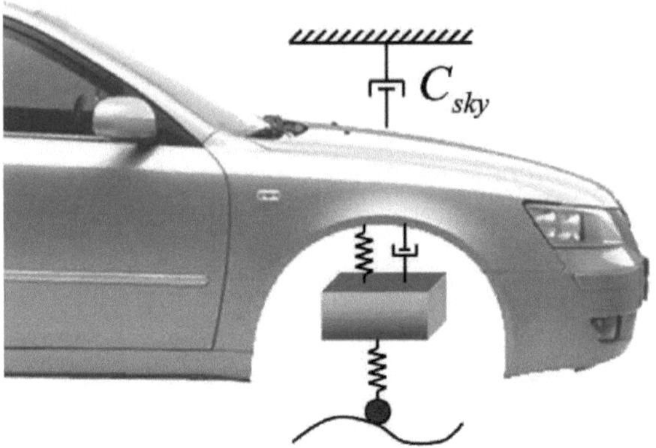

Figura 1: Visualização da teoria do Skyhook

A teoria do skyhook é uma ideia que afirma que um objeto pode manter uma postura estável se viajar suspenso por uma linha reta imaginária ligada a um plano de referência imaginário (céu) [69], daí o nome Skyhook.

Nos sistemas de suspensão convencionais, o veículo está ligado ao solo através da mola e do amortecedor. Para alcançar o mesmo conceito na teoria do gancho de suspensão, o veículo deve contactar o solo através de um arranjo regular de mola-amortecedor e o céu através de um amortecedor com uma linha imaginária, como se mostra na figura acima. Teoricamente, a carroçaria do veículo estará completamente estável quando o coeficiente do amortecedor C_{sky} atingir um valor infinito; por outras palavras, o veículo estará completamente fixo à linha imaginária e, por conseguinte, o veículo não tremerá. O controlo dos componentes da suspensão ativa baseia-se no algoritmo de controlo concebido. Se for selecionada a teoria do gancho de suspensão, os cálculos serão baseados nos valores fornecidos pelo sensor de aceleração instalado na carroçaria do veículo. O valor de referência para o algoritmo de controlo será a aceleração vertical zero da carroçaria do veículo. Este conceito é geralmente utilizado para dois fins diferentes: por um lado, como conceito de controlo ideal para comparação de outras abordagens e, por outro, como base de aplicação prática de sistemas de suspensão semi-ativa ou ativa de veículos. [62]

3.2.2 Teoria do controlo de gancho de terra

Normalmente, na conceção de controladores para aplicações de suspensão ativa, o critério de desempenho aplicado é o conforto de condução. No

entanto, para além do conforto de condução, outro critério importante é a interação entre o veículo e a estrada, que é importante para a segurança de condução e a facilidade de circulação. A teoria do controlo do gancho de suspensão visa dar resposta a este requisito.
Um elemento de amortecimento fictício entre a roda e o solo, paralelo ao pneu, é utilizado para os cálculos da teoria do gancho de terra. Este amortecedor não é o mesmo que o amortecimento do pneu, que é normalmente negligenciado. O objetivo de referência para o controlo nesta teoria é a redução das forças dinâmicas pneu-estrada, aumentando assim o conforto do condutor e diminuindo os danos na estrada.

3.2.3 Teoria do controlo híbrido

Esta teoria combina as caraterísticas das teorias do gancho no céu e do gancho no solo. Por este motivo, a conceção do controlador é orientada para a redução da aceleração da carroçaria do veículo e para a manutenção de forças óptimas pneu-estrada. Por conseguinte, esta teoria oferece o melhor de ambas as teorias de controlo.

3.2.4 Regulador Quadrático Linear (LQR)

A teoria do controlo ótimo visa o funcionamento de um sistema dinâmico a um custo mínimo. Esta técnica é mais adequada quando a dinâmica do sistema é descrita por equações diferenciais lineares e o custo é descrito por funções quadráticas. O custo é geralmente um parâmetro do sistema que tem de ser reduzido; é definido como o índice de desempenho J. Uma vez que a planta é linear e o índice de desempenho J é quadrático, o problema de determinar a realimentação da variável de estado (SVFB), K para maximizar J é chamado Regulador Quadrático Linear (LQR). A palavra "regulador" refere-se à função desta técnica de controlo, que consiste em regular os estados para zero. [68]
Em qualquer sistema de suspensão de um veículo, há uma variedade de parâmetros de desempenho que têm de ser optimizados. Entre eles, há quatro parâmetros importantes que devem ser cuidadosamente considerados na conceção de um sistema de suspensão, nomeadamente, o conforto de condução, o movimento da carroçaria, o comportamento em estrada e o curso da suspensão. O compromisso entre o conforto de condução e as caraterísticas de comportamento em estrada é normalmente um procedimento experimental repetitivo, que é facilmente realizado por LQR. Além disso, nenhum sistema de suspensão pode satisfazer simultaneamente os requisitos dos quatro parâmetros. A vantagem da suspensão controlada reside no facto de ser possível um melhor conjunto de compromissos de conceção em

comparação com os sistemas passivos. [55]

Uma vez que o problema do controlo da suspensão pode ser descrito por um conjunto de equações diferenciais lineares e os parâmetros de custo são quadráticos, este método de conceção de controladores presta-se bem à otimização dos parâmetros da suspensão ativa.

O problema do controlo da suspensão tem de ser colocado na forma de espaço de estados, que pode então ser resolvido utilizando a LQR. O Controlo Variável de Realimentação do Estado (SVFB) é uma ferramenta poderosa para o controlo ativo da suspensão; gera uma matriz de realimentação do estado que pode ser reintroduzida no sistema como uma entrada. Para o projeto do controlador, assume-se que todos os estados estão disponíveis e podem ser medidos com precisão. No entanto, isto pode nem sempre ser possível; contudo, podem ser desenvolvidos estimadores de estado para estimar as variáveis de estado a partir de um número limitado de observações.

A forma geral de representar um sistema no espaço de estados é, [7]

$$\dot{x}=Ax+Bu \qquad (1)$$

Onde, $x(t)\in R$ e $u(t)\in R$ são os vectores de estado e de entrada, respetivamente.

Para SVFB, o feedback é definido por

$$u=-Kx+v \qquad (2)$$

Onde $v(t)$ é o vetor das entradas de comando e K é a matriz de ganho de realimentação de estado.

Pressupondo , $v(t)=0$

$$\dot{x}=(A-BK)x \qquad (3)$$

O índice de desempenho J representa o requisito da caraterística de desempenho, bem como as limitações de entrada do controlador. Existem duas abordagens diferentes para avaliar o índice de desempenho e, consequentemente, conceber um controlador ótimo. A primeira abordagem é um método convencional, em que os estados e as entradas do sistema são penalizados ou promovidos no índice de desempenho; a segunda abordagem, que é o método dependente da aceleração, dá especial importância ao conforto de condução, introduzindo o termo de aceleração do passageiro no índice de desempenho [31]. O método convencional foi utilizado neste projeto.

O índice de desempenho J é definido por,

$$J=\frac{1}{2}\int_0^\infty x^T Qx+u^T Ru\,dt \qquad (4)$$

Onde Q e R são matrizes constantes que penalizam ou promovem a matriz de estado e a matriz de entrada, respetivamente. A seleção dos valores para a

matriz Q depende da importância do controlo de um determinado estado ou estados; por conseguinte, são aplicados valores maiores aos estados que precisam de ser controlados e são atribuídos valores menores ou valores unitários aos estados que não contribuem para atingir os objectivos estabelecidos.
A regra que rege a matriz Q é que deve ser uma matriz semi-definida positiva, com valores próprios não negativos. Como regra geral, valores maiores para a matriz Q resultam numa resposta mais rápida, mas requerem um maior esforço de controlo.
Do mesmo modo, a matriz R penaliza ou promove as entradas, dependendo dos valores selecionados para cada entrada. Os valores mais pequenos penalizam determinadas entradas e os valores maiores podem promover as entradas necessárias.
Por exemplo, a entrada de deslocamento ou velocidade da estrada não pode ser controlada, pelo que atribuir-lhe valores muito pequenos significa que não será tida em consideração quando o sinal de feedback estiver a ser calculado; à entrada do atuador de controlo, por outro lado, podem ser atribuídos valores grandes porque é o dispositivo de controlo na configuração da suspensão ativa. A magnitude deste valor deve ser tal que os limites práticos do atuador não sejam excedidos. A regra para a matriz R determina que esta deve ser uma matriz definida positiva com valores próprios positivos.
Para encontrar a matriz de feedback óptima K, é escolhida uma matriz P tal que,

$$\frac{d}{dt}\left(x^T P x\right) = -x^T \left(Q + K^T R K\right) x \qquad (5)$$

É então substituído na equação de J,

$$J = \frac{-1}{2}\int_0^\infty \frac{d}{dt}\left(x^T P x\right) dt = \frac{1}{2} x^T(0) P x(0) \qquad (6)$$

Isto baseia-se no pressuposto de que o sistema em malha fechada é estável, de modo que x(t) se torna zero à medida que o tempo t se torna infinito. Agora, o índice de desempenho J é independente de K. É uma constante que depende apenas da matriz auxiliar P e das condições iniciais.
De seguida, para encontrar uma matriz K de modo a que a equação (5) seja válida, esta é diferenciada e são feitas substituições a partir de (3). Além disso, selecionando $K = R^{-1} B^T P$ e simplificando, obtém-se a seguinte equação,

$$A^T P + PA + Q - PBR^{-1}B^T P = 0 \qquad (7)$$

Esta equação é conhecida como Equação Algébrica de Riccati (ARE), que é uma equação matricial quadrática. Esta pode ser resolvida para a matriz auxiliar P, a partir da qual a matriz de retorno pode ser calculada utilizando .

$K=R^{-1}B^{T}P$

O MATLAB fornece uma forma simples de calcular a matriz de feedback K utilizando o seguinte comando,

$$K=lqr(A,B,Q,R) \quad (8)$$

3.3 Actuadores lineares

Um atuador é um tipo de motor responsável por mover ou controlar um mecanismo ou um sistema. Um atuador linear é um atuador que cria movimento em linha reta, em contraste com o movimento circular de um motor elétrico convencional. São utilizados em máquinas-ferramentas e maquinaria industrial, em periféricos de computadores, como unidades de disco e impressoras, em válvulas e amortecedores, e em muitos outros locais onde é necessário movimento linear.

Estão disponíveis muitos tipos diferentes de actuadores lineares, nomeadamente mecânicos, hidráulicos, pneumáticos, piezoeléctricos, electromecânicos, motores lineares e actuadores lineares telescópicos. O movimento de rotação disponível nos motores eléctricos convencionais pode ser convertido em movimento linear através de vários mecanismos disponíveis. [67]

Os tipos de actuadores lineares disponíveis são descritos resumidamente.

3.3.1 Actuadores mecânicos

Os actuadores lineares mecânicos funcionam normalmente através da conversão do movimento rotativo em movimento linear. A conversão é normalmente efectuada utilizando,

- Parafuso: Parafuso de avanço, macaco de parafuso, parafuso de esferas e parafuso de rolos são alguns exemplos que fazem uso do parafuso. Por rotação da porca do atuador, o eixo do parafuso move-se numa linha.
- Roda e eixo: Os actuadores de talha, guincho, cremalheira e pinhão, acionamento por corrente, acionamento por correia, corrente rígida e correia rígida funcionam segundo o princípio da roda e do eixo. Uma roda rotativa move um cabo, cremalheira, corrente ou correia para produzir movimento linear.
- Cam: Funcionam segundo um princípio semelhante ao da cunha, mas têm um curso muito limitado e, como tal, as suas aplicações são limitadas.

3.3.2 Actuadores hidráulicos

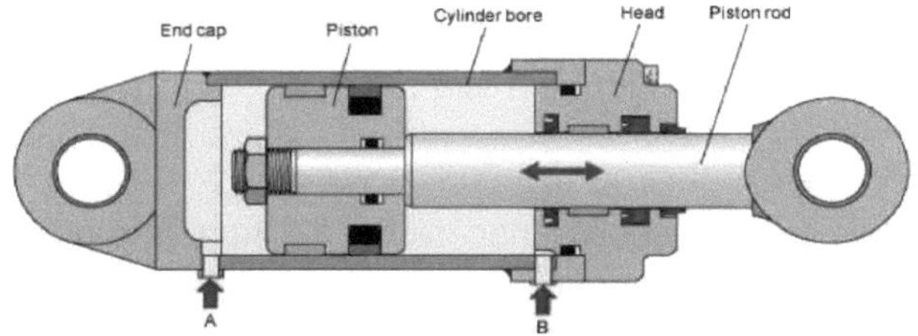

Figura 2: Atuador hidráulico (imagem cortesia da SKF)

Os actuadores hidráulicos, mais vulgarmente designados por cilindros hidráulicos, envolvem normalmente um cilindro oco com um pistão inserido. Uma pressão desequilibrada aplicada ao pistão gera uma força que pode mover um objeto externo. Baseia-se na incompressibilidade dos líquidos para proporcionar uma deslocação linear precisa do pistão; por conseguinte, o estado físico do dispositivo influencia o seu desempenho, uma vez que qualquer deterioração da qualidade do líquido diminui o seu desempenho. Requerem bombas hidráulicas externas para o seu funcionamento, pelo que o sistema é volumoso, pesado e requer manutenção regular. Estas limitações tornam-nos inadequados para utilização como amortecedores para automóveis, uma vez que requerem mais potência do que os motores eléctricos e também aumentam consideravelmente o peso do automóvel.

3.3.3 Actuadores pneumáticos

Estes são semelhantes aos actuadores hidráulicos, exceto que utilizam gás comprimido para gerar força em vez de um líquido. Funcionam de forma semelhante a um pistão em que o ar é bombeado para dentro de uma câmara e empurrado para fora do outro lado da câmara. Os actuadores pneumáticos não são necessariamente utilizados em maquinaria pesada e em situações em que estão presentes grandes quantidades de peso. À semelhança dos actuadores hidráulicos, estes também requerem um compressor de ar externo para o seu funcionamento, o que os torna grandes, volumosos, barulhentos e requerem manutenção regular.

O mesmo princípio é também utilizado nas molas pneumáticas dos automóveis, que permitem ajustar a altura do passeio e o amortecimento. O inconveniente é que são caras e pouco fiáveis, razão pela qual não são de uso corrente.

3.3.4 Actuadores Piezoeléctricos

Estes utilizam o efeito piezoelétrico em que a aplicação de uma tensão ao material provoca a sua expansão. As vantagens deste tipo de actuadores são a rapidez de resposta e a resolução de posicionamento extremamente fina. As desvantagens incluem uma gama de movimentos muito curta e um efeito de histerese que torna difícil controlar a sua expansão de forma repetível.

3.3.5 Actuadores electromecânicos

São semelhantes aos actuadores mecânicos, exceto que o botão de controlo ou o manípulo é substituído por um motor elétrico. Existem muitos modelos de actuadores lineares modernos e cada empresa que os fabrica tende a ter um método próprio.

Este tipo de actuadores lineares é o mais adequado para ser utilizado em aplicações automóveis devido às suas dimensões compactas, à necessidade relativamente baixa de energia, à capacidade de geração de energia, à controlabilidade, à elevada eficiência de funcionamento e ao facto de poderem ser concebidos para funcionar em ambientes exteriores sujos. [37]

3.3.6 Motores lineares

Um motor linear é funcionalmente o mesmo que um motor elétrico rotativo com os componentes do campo magnético circular do rotor e do estator dispostos em linha reta.

Enquanto um motor rotativo giraria e reutilizaria as mesmas faces dos pólos magnéticos, as estruturas do campo magnético de um motor linear são fisicamente repetidas ao longo do comprimento do atuador. Uma vez que não é necessário qualquer mecanismo de parafuso, a sua eficiência de funcionamento é superior à dos actuadores electromagnéticos e têm também uma vida útil mais longa, com pouca ou nenhuma manutenção necessária.

3.3.7 Actuadores lineares telescópicos

Estes são actuadores lineares especializados utilizados onde existem restrições de espaço. A sua amplitude de movimento é muitas vezes maior do que o comprimento não estendido do membro atuador. Uma forma comum é feita de tubos concêntricos de comprimento aproximadamente igual que se estendem e retraem como mangas, um dentro do outro, tal como o cilindro telescópico.

3.4 Substituir o amortecedor por um atuador

Os amortecedores hidráulicos convencionais produzem força de amortecimento forçando o fluido através de pequenos orifícios que, por sua vez, geram forças opostas que ajudam a dissipar a energia de vibração indesejada.

Esta energia de vibração é introduzida nos automóveis a partir dos desníveis da superfície da estrada, dos solavancos e dos buracos.

O posicionamento do atuador linear é semelhante ao de um amortecedor convencional, ou seja, paralelo à mola da suspensão e ativado pelo movimento dos braços da suspensão.

Uma vez que, num atuador linear eletromecânico, é utilizado um motor elétrico de corrente contínua para acionar o eixo do atuador, este pode ser utilizado para regenerar energia eléctrica quando o eixo do atuador é empurrado para cima e para baixo pelo movimento dos braços de suspensão.

Assumindo caraterísticas lineares para o motor (auto-alimentado com um único atuador),

$$e_i = -\varphi \dot{z} \quad (9)$$

$$f = \varphi i \quad (10)$$

Onde,

$\dot{z}$ - representa a velocidade de curso do atuador

e_i - tensão induzida

i - corrente induzida

φ -Uma constante de proporcionalidade conhecida como a constante do motor

O amortecimento no atuador linear é devido à resistência oferecida pela armadura ao fluxo da corrente induzida. Por conseguinte, variando a resistência do circuito do atuador, o amortecimento fornecido pelo atuador também pode ser variado. Isto proporciona uma vantagem em relação aos amortecedores hidráulicos convencionais, em que o amortecimento é fixo ou requer mecanismos complexos para variar o amortecimento.

A força gerada pelo atuador linear pode ser,

$$f = \frac{-\varphi^2}{r} \dot{z} \quad (11)$$

Onde,

r - Resistência da armadura

A equação acima mostra que o atuador linear se comporta como um amortecedor viscoso, ou seja, a força produzida é diretamente proporcional à velocidade do eixo do atuador.

O coeficiente de amortecimento do motor, também chamado coeficiente de amortecimento equivalente, é definido por

$$c_{eq} = \frac{\varphi^2}{r} \quad (12)$$

Se o atuador estiver a ser utilizado apenas para fornecer amortecimento e recolha de energia, então a potência pode ser obtida por

$$P=c_{eq}\dot{z}^2=\frac{-\varphi^2}{r}\dot{z}^2 \quad (13)$$

3.4.1 Atuador em modo de alimentação própria

Quando o atuador é alimentado pela mesma energia que está a gerar, então diz-se que é um sistema dinâmico auto-alimentado [26]. Se a tensão da fonte de energia, que pode ser uma bateria, for e_p, então a força gerada pelo atuador é dada por,

$$f=\varphi\frac{e_p-\varphi\dot{z}}{r} \quad (14)$$

Quando o atuador está a gerar forças de controlo, está a consumir energia da fonte de alimentação,

$$E_c=e_p i=\left(\frac{rf}{\varphi}+\varphi\dot{z}\right)\frac{f}{\varphi} \quad (15)$$

Onde,

E_c - Energia consumida para gerar força de controlo

Em termos de coeficiente de amortecimento equivalente,

$$E_c=\frac{1}{c_{eq}}f^2+f\dot{z} \quad (16)$$

3.5 Perfis de elevação da superfície

Para analisar o efeito da entrada da estrada nos modelos de suspensão, são necessários perfis de deslocamento vertical que representem com exatidão as condições reais da estrada. Antigamente, utilizavam-se habitualmente ondas sinusoidais simples, ondas triangulares e entradas em degrau como entradas de estrada. Embora estes sinais fornecessem resultados adequadamente precisos, os perfis de estrada realistas forneceriam mais informações para a conceção de sistemas de suspensão, quer passivos quer activos.

Verificou-se que os perfis do solo podiam ser reproduzidos de forma realista como sinais de processos aleatórios. Uma caraterística de tal processo ou função aleatória é que o seu valor instantâneo não pode ser medido de forma determinística. No entanto, certas propriedades dos sinais aleatórios podem ser descritas estatisticamente. Por exemplo, a média pode ser obtida através do cálculo da média.

Quando um perfil de superfície é considerado como uma função aleatória, pode ser caracterizado por uma função de densidade espetral de potência. As figuras seguintes mostram as densidades espectrais de potência para a amplitude do perfil em função da frequência espacial para algumas pistas, auto-estradas e vários tipos de terreno não preparado.

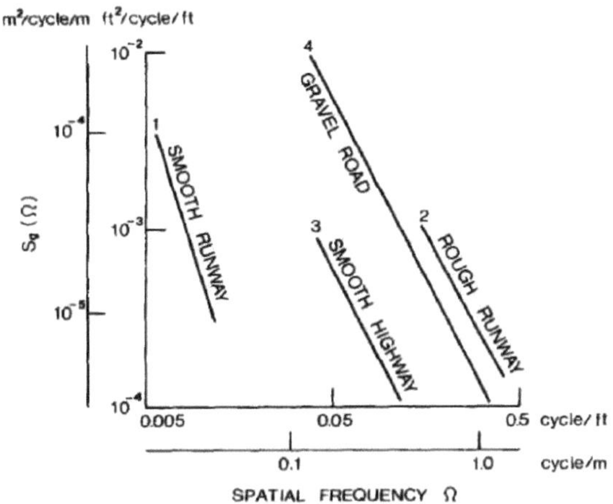

Figura 3: Classificação dos perfis do pavimento rodoviário

A frequência espacial Ω é o inverso do comprimento de onda λ e é expressa em ciclos/metro. A densidade espetral de potência para a amplitude do perfil é expressa em m²/ciclo/metro.

Existe uma relação entre a densidade espetral de potência e a frequência espacial para os perfis do solo apresentados nas figuras acima.

$$S_g(\Omega) = C_{sp}\Omega^{-N} \qquad (17)$$

Onde $S_g(\Omega)$ é a função de densidade espetral de potência da elevação do perfil da superfície, e C_{sp} e N são constantes. Ajustando esta expressão às curvas acima, obtêm-se valores para C_{sp} e N, que são apresentados na tabela seguinte. [81]

No.	Description	N	C_{sp}
1	Smooth runway	3.8	4.3×10^{-11}
2	Rough runway	2.1	8.1×10^{-6}
3	Smooth highway	2.1	4.8×10^{-7}
4	Highway with gravel	2.1	4.4×10^{-6}
5	Pasture	1.6	3.0×10^{-4}
6	Ploughed field	1.6	6.5×10^{-4}

Quadro 1: Classificação dos perfis do pavimento rodoviário

A transformação da densidade espetral de potência do perfil da superfície, expressa em termos de frequência espacial $S_g(\Omega)$, em termos de frequência temporal $S_g(f)$ é efectuada através da velocidade do veículo.

$$S_g(f)=\frac{S_g(\Omega)}{V} \qquad (18)$$

Em que Ω é em ciclos/m e V é em m/s.

Uma vez que as densidades espectrais de potência são conhecidas para vários perfis de estrada, podem ser simuladas no ambiente Simulink através do processo descrito. Foi demonstrado que o sinal de ruído branco, quando passado por um filtro linear, pode ser utilizado para representar com exatidão os perfis de estrada [75] [79].

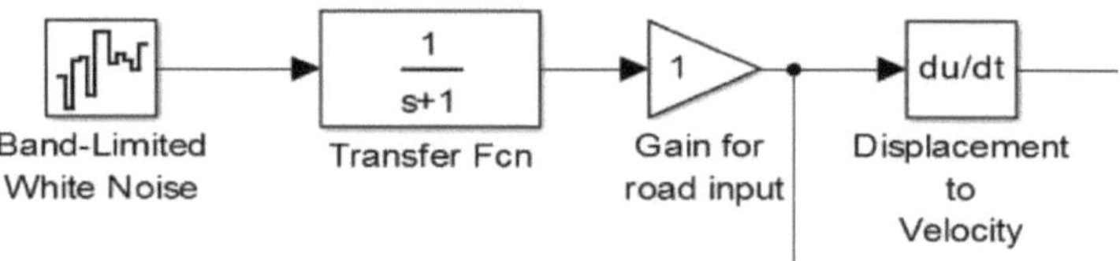

Figura 4: Gerador de perfis rodoviários em Simulink

A figura mostra a implementação da caraterização de estradas no Simulink. O bloco de ruído branco BandLimited incorpora um filtro linear, daí o nome "Bandlimited". O bloco recebe as entradas como valores de potência que são derivados utilizando a equação acima mencionada . $S_g(\Omega)=C_{sp}\Omega^{-N}$

O sinal gerado é então passado através de uma função de transferência de primeira ordem, a fim de gerar uma entrada de deslocamento vertical da estrada. O bloco de ganho pode ser utilizado para aumentar a magnitude das entradas da estrada, se necessário. Uma vez que o modelo de espaço de estados aqui utilizado requer a velocidade da estrada como entrada, é utilizado um bloco derivado. A saída deste subsistema representa um perfil aleatório da estrada como entrada de velocidade vertical. Uma amostra para uma pista irregular com uma velocidade de veículo de 15 m/s ou 54 km/h tem um valor de potência de 8,13654E-05.

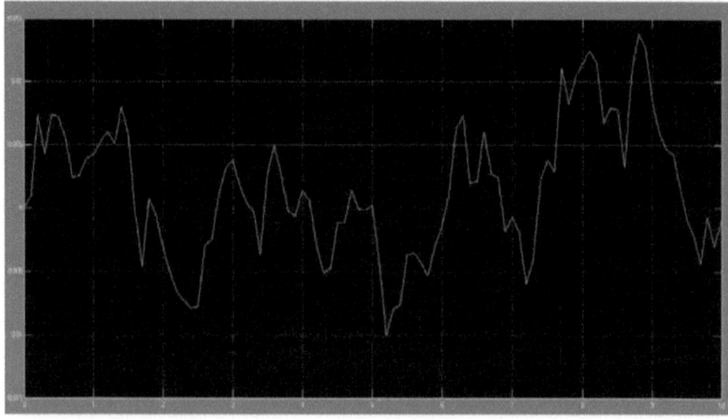

Figura 5: Exemplo de perfil de estrada (deslocação vertical)

A primeira figura mostra o perfil de deslocamento vertical, o eixo x representa o tempo em segundos enquanto o eixo y representa a entrada de deslocamento em metros. A figura seguinte mostra as entradas de velocidade em m/s ao longo do eixo y enquanto o eixo x permanece o mesmo. É o resultado da passagem do sinal mostrado acima através de um bloco derivado.

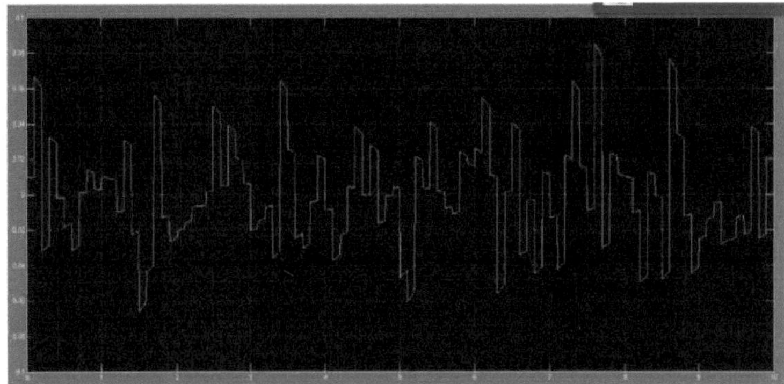

Figura 6: Exemplo de perfil de estrada (perfil de velocidade vertical)

3.5.1 Simular a velocidade do veículo

Segundo a norma ISO-2631, os seres humanos são mais sensíveis a frequências entre 4-8 Hz. Para obter valores PSD para diferentes perfis de estrada e condições de velocidade, foi selecionada uma frequência de referência de 5 Hz. A frequência espacial para cada caso é calculada dividindo esta frequência pela velocidade do veículo. [61]

O quadro mostra os valores calculados das densidades espectrais de potência para um perfil de estrada representativo de uma pista lisa e a várias velocidades de circulação.

Choosing reference frequency (Hz) 5

Vehicle speed (m/s)	Vehicle speed (km/hr)	Spatial frequency (cycle/m)	Smooth runway Csp=4.3e-11 N=3.8
5	18	1	4.3E-11
10	36	0.5	5.98939E-10
15	54	0.333333333	2.79595E-09
20	72	0.25	8.3425E-09
25	90	0.2	1.94785E-08
30	108	0.166666667	3.89442E-08
35	126	0.142857143	6.99586E-08
40	144	0.125	1.16201E-07

Tabela 2: Valores PSD para pista lisa

3.6 Teoria da captação de energia

As vibrações indesejadas nos sistemas mecânicos são normalmente amortecidas para garantir o bom funcionamento e aumentar a longevidade das máquinas.

Convencionalmente, esta energia seria dissipada convertendo-a em calor através da utilização de amortecedores viscosos ou de fricção. No entanto, nos últimos anos, está a ser realizada uma investigação aprofundada para recolher esta energia em vez de a dissipar. A captação de energia através de sistemas de suspensão é o próximo grande desenvolvimento das tecnologias de captação de energia nos automóveis, depois da travagem regenerativa e da recuperação do calor dos gases de escape.

Os automóveis estão constantemente sujeitos a vibrações em todas as condições de condução.

Os sistemas de suspensão são concebidos para absorver os choques e as vibrações da estrada e controlar o comportamento e a atitude do automóvel. O amortecedor dissipa esta energia para alcançar a estabilidade do veículo; no entanto, representa uma importante fonte de perda de energia. Os conceitos de recolha de energia foram desenvolvidos e simulados em conjunto com o sistema de suspensão ativa; isto deve-se ao facto de as suspensões activas utilizarem algum tipo de actuadores alimentados por energia externa. Quando estes actuadores utilizam energia eléctrica para gerar forças de controlo, existe a possibilidade de regenerar eletricidade. É aqui que a tecnologia de recolha de energia pode ser implementada [29],

Estes actuadores aceitam energia externa e produzem forças de acordo com as instruções da eletrónica de controlo.

A eletrónica de controlo decide esta força com base em dados provenientes de várias condições do veículo, como a deflexão da suspensão e as acelerações da carroçaria e das rodas. Dependendo da estratégia de controlo utilizada, ou seja, groundhook, sky-hook ou híbrido, os actuadores produzem forças de controlo.

Os actuadores eléctricos são muito semelhantes em funcionamento aos motores de corrente contínua, na medida em que podem ser utilizados como geradores. Quando as excitações externas provocam movimentos do eixo do atuador (que é como um rotor nos motores de corrente contínua), pode ser produzida energia eléctrica.

3.6.1 Avaliação teórica da captação de energia em suspensões

Para demonstrar a potência teórica disponível, será utilizado um modelo simples de um quarto de carro, como mostra a figura seguinte.

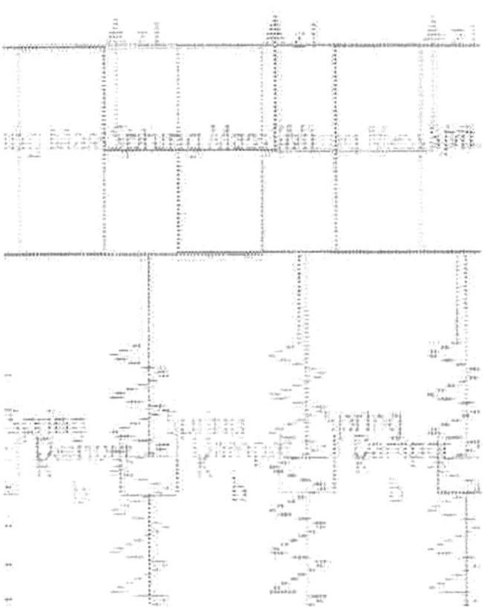

Figura 7: Modelo simples de um quarto de carro com 1 DOF

O modelo simples de um quarto de carro com um DOF representa literalmente um quarto de um carro, com a massa suspensa (M) a representar um quarto da massa de um carro.

Uma vez que se trata de um modelo de um só DOF, a massa não suspensa foi negligenciada. A mola da suspensão é representada pela mola (K) e o amortecedor viscoso, pelo ponto de tração (b). O deslocamento vertical de entrada da estrada foi representado por 'zr' e o movimento vertical do corpo por 'zT'.

As equações de movimento para um modelo de um quarto de carro com um único grau de liberdade são as seguintes, (da Silva)

$$M\ddot{z}1+b(\dot{z}1-\dot{z}r)+K(z1-zr)=0 \qquad (19)$$

Se "z" representar a deformação da suspensão (z1-zr), então a equação acima pode ser reescrita como,

$$M\ddot{z}+b\dot{z}+Kz=M\ddot{z} \qquad (20)$$

Se a excitação da estrada de entrada for considerada harmónica, ou seja, $zr=Zrsin(\omega t)$, então

$$M\ddot{z}+b\dot{z}+Kz=M\omega^2 Zrsin(\omega t) \qquad (21)$$

E a solução de estado estacionário pode ser considerada como,

$$z=Zsin(\omega t-\phi) \qquad (22)$$

Das duas equações acima, obtemos

$$Z=\frac{M\omega^2 Zr}{\sqrt[2]{(k-\omega^2 M)^2+b^2\omega^2}} \qquad (23)$$

A energia disponível para a recolha pode ser calculada através da seguinte equação [25]

$$P=b\dot{z}\times\dot{z} \qquad (24)$$

Da equação (22)

$$\dot{z}=\omega Z cos(\omega t-\phi) \qquad (25)$$

A partir daí, a equação para a potência torna-se,

$$P=b\omega^2 Z^2\cos^2(\omega t-\phi) \qquad (26)$$

Durante um ciclo, ou seja, um período $\tau=\frac{2\pi}{\omega}$, a energia é determinada por,

$$E=b\omega^2 Z^2\int_0^{\frac{2\pi}{\omega}}\cos^2(\omega t-\phi)dt=\pi b\omega Z^2 \qquad (27)$$

Por conseguinte, a potência média pode ser calculada por,

$$P=\frac{E}{\tau}=\frac{b\omega^2 Z^2}{2} \qquad (28)$$

A partir da equação (23) e da equação anterior,

$$P=\frac{c M^2\omega^6 Zr^2}{2((k-\omega^2 M)^2+b^2\omega^2)} \qquad (29)$$

A partir da equação (23), a deflexão máxima da estrada pode ser mostrada como

$$Zr_{max}=\frac{\sqrt{(k-\omega^2 M)^2+b^2\omega^2 Z_{max}}}{M\omega^2} \qquad (30)$$

Consequentemente, a potência pode ser reescrita para Zr_{max} como

$$P=\frac{bM\omega^4 Zr\, Z_{max}}{2\sqrt{(k-\omega^2 M)^2+b^2\omega^2}} \qquad (31)$$

A potência sem dimensão [53] pode ser considerada como,

$$P_d=\frac{P}{M\omega^3 Zr\, Z_{max}}=\frac{\zeta\eta}{\sqrt{(1-\eta^2)^2+(2\zeta\eta)^2}} \qquad (32)$$

Onde, $\zeta=\frac{c}{2M\omega_n}$ representa o rácio de amortecimento; e $\eta=\frac{\omega}{\omega_n}$ é o rácio de frequência.

Um gráfico da potência adimensional versus o rácio de amortecimento e o rácio de frequência foi traçado em [24], o qual é apresentado na figura

seguinte,

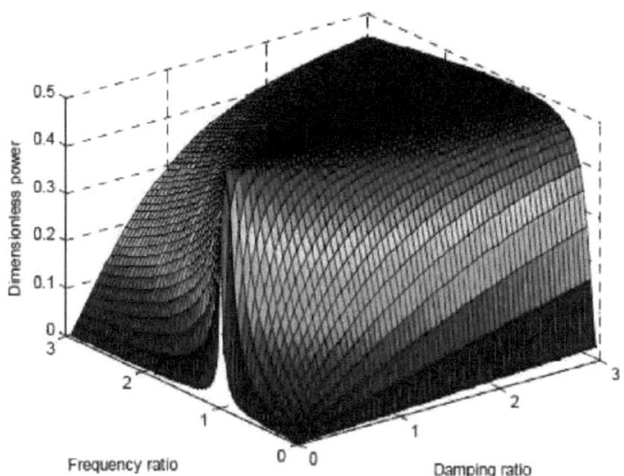

Figura 8: Potência adimensional em função do rácio de frequência e do rácio de amortecimento

O gráfico aqui apresentado é representativo da maioria dos sistemas vibratórios em que a resposta máxima ocorre na frequência de ressonância $\omega = \omega_n$, Para efeitos de aplicação deste conceito a um sistema de suspensão de um veículo, o coeficiente de amortecimento deve ser substituído por uma constante que representa o amortecimento fornecido por um atuador linear. O gráfico acima não tem em conta a velocidade do veículo em deslocação. Para ter isso em consideração,

$$P = \frac{M\omega^3 Zr\, Z_{max} \zeta\eta}{\sqrt{(1-\eta^2)^2 + (2\zeta\eta)^2}} \qquad (33)$$

Esta potência, quando representada em função do rácio de amortecimento (ζ) e da ($f = \frac{\omega}{2\pi}$),

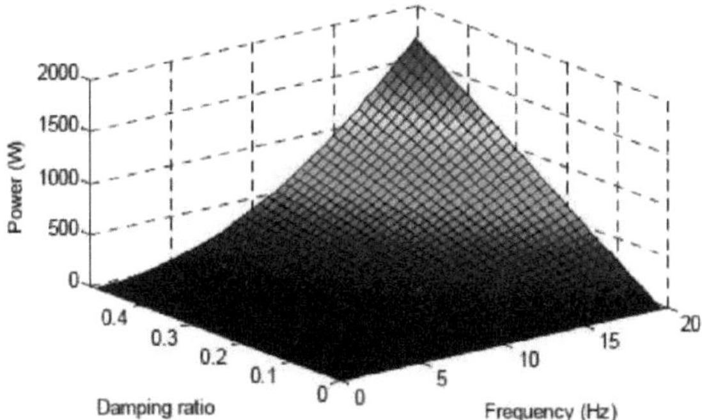

Figura 9: Potência teórica disponível em função do rácio de frequência e do rácio de amortecimento

A partir desta análise, foram apresentados dois pontos importantes [24],

- Quando a excitação externa se encontra na frequência natural do sistema, é possível obter a potência máxima.
- A potência disponível para recolha é diretamente proporcional ao cubo de a frequência de excitação.

Os parâmetros utilizados para traçar o gráfico acima são $\zeta=0,3$, $K=16kN/m$ e $M=280kg$.

CAPÍTULO 4

4. Modelação

4.1 Representação do espaço de estados

Em engenharia de controlo, uma representação do espaço de estados é um modelo matemático de um sistema físico como um conjunto de variáveis de entrada, de saída e de estado relacionadas por equações diferenciais de primeira ordem. O termo "espaço de estados" refere-se ao espaço cujos eixos são as variáveis de estado e o estado do sistema pode ser representado como um vetor dentro desse espaço. Esta representação proporciona uma forma conveniente e compacta de modelizar e analisar sistemas com múltiplas entradas e saídas. [70]

As variáveis de estado internas são o subconjunto mais pequeno possível de variáveis que podem representar todo o estado do sistema num dado momento. O número mínimo de variáveis de estado necessárias para representar todo o sistema é geralmente igual à ordem da equação diferencial que define o sistema.

Os modelos de espaço de estado foram gerados para avaliação no MATLAB.

4.2 Modelo de um quarto de carro em forma de espaço de estados

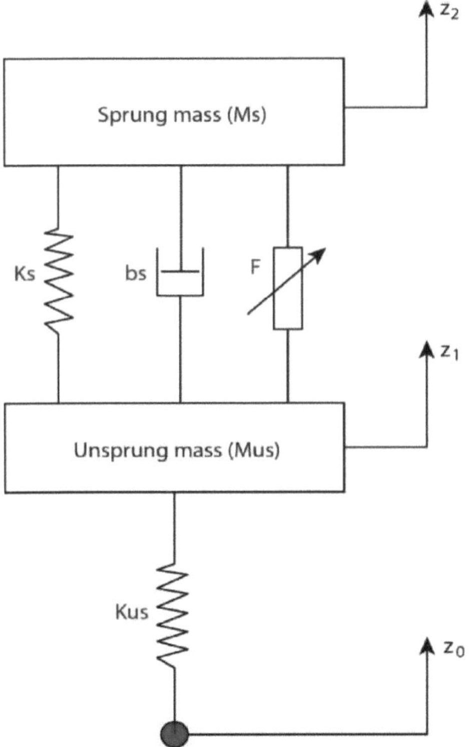

Figura 10: Modelo de um quarto de carro com 2 DOF

Assumindo estas condições, $z_2 > z_1 > z_0$; as forças ascendentes são positivas e as forças descendentes são negativas.

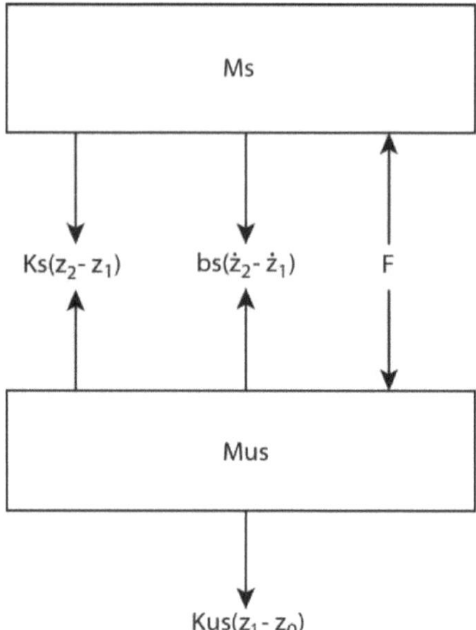

Figura 11: FBD do modelo de um quarto de carro com 2 DOF

As equações diferenciais lineares para este sistema são,

$$M_s\ddot{z}_2 = -K_s(z_2 - z_1) - b_s(\dot{z}_2 - \dot{z}_1) + F \qquad (34)$$

$$M_{us}\ddot{z}_1 = K_s(z_2 - z_1) + b_s(\dot{z}_2 - \dot{z}_1) - F - K_{us}(z_1 - z_0) \qquad (35)$$

Os Estados selecionados são,

$x_a = z_2 - z_1$ (Suspension deflection) (36)

$x_b = \dot{z}_2$ (Body vertical velocity) (37)

$x_c = z_1 - z_0$ (Tyre deflection) (38)

$x_d = \dot{z}_1$ (Tyre vertical velocity) (39)

As entradas para este modelo são,

$u_a = \dot{z}_0$ (Road vertical input velocity) (40)

$u_b = F$ (Actuator force) (41)

As realizações que nos interessam são,

$y_a = \ddot{z}_2$ (Body Acceleration) (42)

$y_b = z_2 - z_1$ (Suspension deflection) (43)

A forma geral da representação do espaço de estados é,

$$\dot{x} = Ax + Bu \tag{44}$$

$$y = Cx + Du \tag{45}$$

Resolver as saídas e a primeira derivada dos estados,

$$\dot{x}_a = \dot{z}_2 - \dot{z}_1 = x_b - x_d \tag{46}$$

$$\dot{x}_b = \ddot{z}_2 = \frac{-K_s}{M_s} x_a - \frac{b_s}{M_s} x_b + \frac{b_s}{M_s} x_d + \frac{1}{M_s} u_b \tag{47}$$

$$\dot{x}_c = \dot{z}_1 - \dot{z}_0 = x_d - u_a \tag{48}$$

$$\dot{x}_d = \ddot{z}_1 = \frac{K_s}{M_{us}} x_a + \frac{b_s}{M_{us}} x_b - \frac{b_s}{M_{us}} x_d - \frac{1}{M_{us}} F - \frac{K_{us}}{M_{us}} x_c \tag{49}$$

Do mesmo modo, as saídas,

$$y_a = \ddot{z}_2 = \frac{-K_s}{M_s} x_a - \frac{b_s}{M_s} x_b + \frac{b_s}{M_s} x_d + \frac{1}{M_s} u_b \tag{50}$$

$$y_b = z_2 - z_1 = x_a \tag{51}$$

Substituindo os estados, entradas e saídas na forma matricial,

$$\begin{bmatrix} \dot{x}_a \\ \dot{x}_b \\ \dot{x}_c \\ \dot{x}_d \end{bmatrix} = \begin{bmatrix} 0 & 1 & 0 & -1 \\ -\frac{K_s}{M_s} & -\frac{b_s}{M_s} & 0 & \frac{b_s}{M_s} \\ 0 & 0 & 0 & 1 \\ \frac{K_s}{M_{us}} & \frac{b_s}{M_{us}} & -\frac{K_{us}}{M_{us}} & -\frac{b_s}{M_{us}} \end{bmatrix} \begin{bmatrix} x_a \\ x_b \\ x_c \\ x_d \end{bmatrix} + \begin{bmatrix} 0 & 0 \\ 0 & \frac{1}{M_{us}} \\ -1 & 0 \\ 0 & -\frac{1}{M_{us}} \end{bmatrix} \begin{bmatrix} u_a \\ u_b \end{bmatrix} \tag{52}$$

$$\begin{bmatrix} y_a \\ y_b \end{bmatrix} = \begin{bmatrix} -\frac{K_s}{M_s} & -\frac{b_s}{M_s} & 0 & \frac{b_s}{M_s} \\ 1 & 0 & 0 & 0 \end{bmatrix} \begin{bmatrix} x_a \\ x_b \\ x_c \\ x_d \end{bmatrix} + \begin{bmatrix} 0 & \frac{1}{M_s} \\ 0 & 0 \end{bmatrix} \begin{bmatrix} u_a \\ u_b \end{bmatrix} \tag{53}$$

A introdução das matrizes acima no MATLAB permite a criação de um sistema no espaço de estados que pode ser utilizado com o Simulink, onde podem ser introduzidas várias entradas e obtidos resultados em forma gráfica ou numérica.

4.3 Modelo de um quarto de carro em Simulink

As matrizes obtidas na secção anterior são introduzidas no MATLAB sob a forma de um script. O ficheiro de script também gera pólos do sistema de espaço de estados e gráficos de Bode. O modelo utiliza um bloco de espaço de estados que recebe entradas da perturbação da estrada e da força do atuador de controlo. O sistema é configurado para produzir os quatro estados juntamente com a deflexão da suspensão e a aceleração da carroçaria.

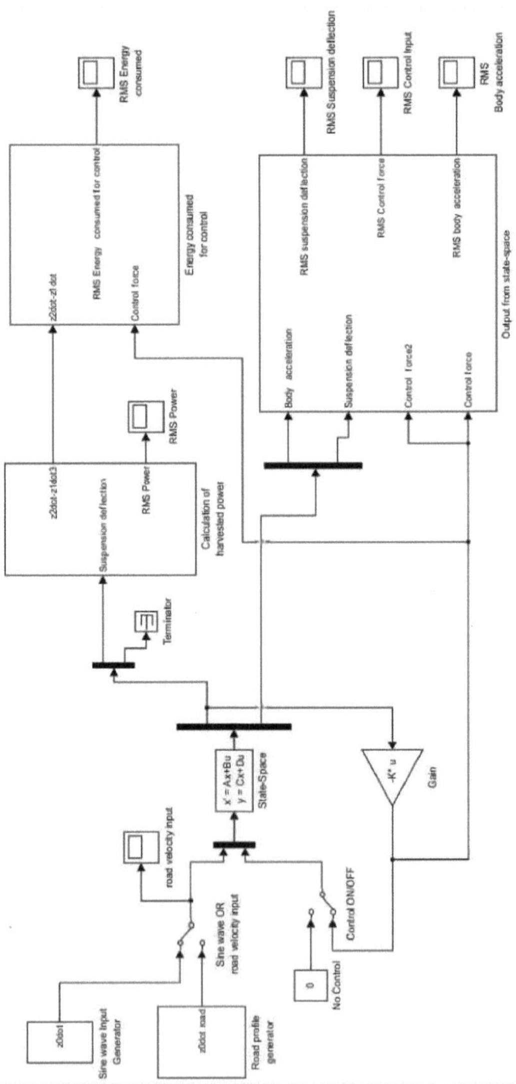

Figura 12: Implementação do modelo de um quarto de carro no Simulink

Uma vez que o modelo utiliza o controlo de realimentação da variável de estado, a matriz de realimentação 'K' é calculada a partir do MATLAB. As matrizes Q e R utilizadas nesta simulação são as seguintes

$$Q=\begin{bmatrix}10 & 0 & 0 & 0\\ 0 & 10 & 0 & 0\\ 0 & 0 & 1 & 0\\ 0 & 0 & 0 & 1\end{bmatrix} \tag{54}$$

$$R=[0.00001] \tag{55}$$

São utilizados valores mais elevados para as duas primeiras linhas da matriz Q porque a deformação da suspensão e a aceleração da carroçaria são mais importantes para a ação de controlo. Foram utilizados valores mais baixos na matriz R, de modo a permitir a aplicação de níveis mais elevados de acções de controlo. Uma vez que as matrizes Q e R são normalmente atribuídas por estimativa de tentativa e erro, estes valores ainda não são óptimos e requerem mais testes, pelo que foram atribuídos de forma conservadora para manter as forças de controlo dentro da gama de actuadores práticos.

4.3.1 Parâmetros do modelo

Os parâmetros são selecionados através da análise de diferentes fontes e da escolha de valores médios. [30] [9] [65]

Model Parameters	**Value**
Mass of quarter car, M_s (kg)	320
Unsprung mass, M_{us} (kg)	40
Suspension spring stiffness, K_s (N/m)	18000
Tyre stiffness, K_{us} (N/m)	200000
Suspension damping coefficient, b_s (Ns/m)	1000

Quadro 3: Parâmetros do quarto de carro

4.3.2 Validação do modelo

O modelo Simulink que foi apresentado é comparado com o modelo de espaço de estados construído em MATLAB e com os resultados da literatura para garantir que fornece uma representação exacta do sistema. Os gráficos de Bode, como o apresentado na figura, foram gerados a partir do modelo de espaço de estados utilizando o comando bode(S) do MATLAB. A figura representa o gráfico de Bode para a aceleração vertical da carroçaria quando sujeita à entrada do perfil da estrada. Podem ser observados dois picos no primeiro gráfico, que indicam as frequências naturais da massa do corpo e do pneu.

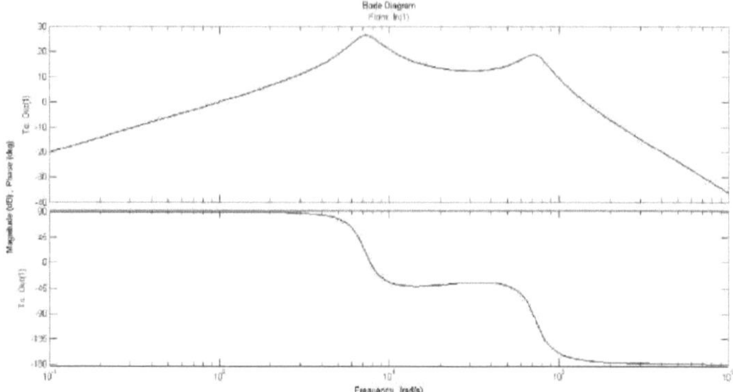

Figura 13: Gráfico de Bode do modelo do quarto de carro

4.3.3 Geração de dados de entrada para o modelo

Este modelo permite ao utilizador selecionar entre um perfil de estrada aleatório e uma entrada de onda sinusoidal. O bloco gerador de sinais utilizado para gerar entradas de ondas sinusoidais também é capaz de gerar sinais quadrados e de dentes de serra. Os blocos derivados são usados em ambos os caminhos de sinal porque o modelo de espaço de estado requer a velocidade vertical como entrada.

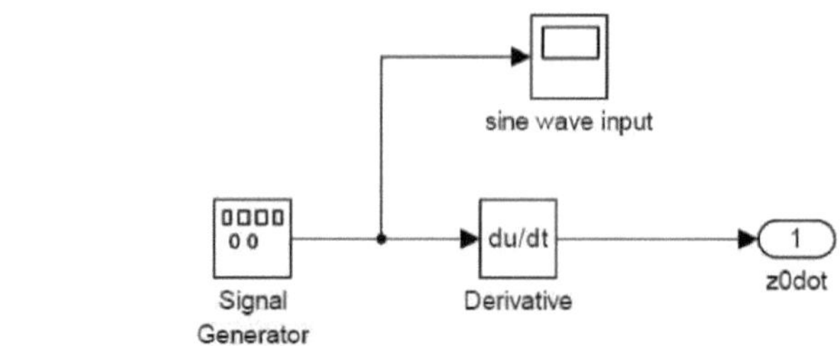

Figura 14: Gerador de sinal de onda sinusoidal

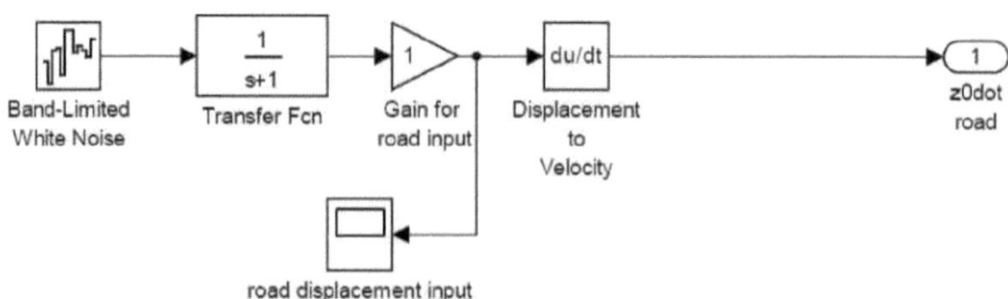

Figura 15: Gerador de perfis de estrada com bloco derivado

A geração de perfis de estrada aleatórios foi discutida numa secção anterior. O quadro seguinte mostra os valores da densidade espetral de potência (PSD) que podem ser introduzidos no bloco "Ruído branco limitado por banda" para gerar diferentes perfis de estrada e velocidades de veículo.

Smooth runway Csp=4.3e-11 N=3.8	Rough runway Csp=8.1e-6 N=2.1	Smooth highway Csp=4.8e-7 N=2.1	Highway with gravel Csp=4.4e-6 N=2.1	Pasture Csp=0.0003 N=1.6	Ploughed field Csp=6.5e-4 N=1.6
4.3E-11	0.0000081	0.00000048	0.0000044	0.0003	0.00065
5.98939E-10	3.47255E-05	2.05781E-06	1.88632E-05	0.00090943	0.001970432
2.79595E-09	8.13654E-05	4.82165E-06	4.41985E-05	0.00173986	0.003769705
8.3425E-09	0.000148871	8.822E-06	8.08684E-05	0.00275688	0.005973231
1.94785E-08	0.00023786	1.40954E-05	0.000129208	0.00393979	0.008536215
3.89442E-08	0.000348821	2.06709E-05	0.000189483	0.00527428	0.011427609
6.99586E-08	0.00048216	2.85724E-05	0.000261914	0.0067496	0.014624136
1.16201E-07	0.000638225	3.78208E-05	0.00034669	0.00835729	0.018107452

Figura 16: Valores PSD para vários perfis de estrada e velocidades de veículo

4.3.4 Cálculo da potência disponível para a colheita

Este bloco recebe a saída "deflexão da suspensão" do bloco do espaço de estados e utiliza também o coeficiente de amortecimento para calcular a potência disponível para recolha. Este subsistema é derivado com base na seguinte equação,

$$P = b\dot{z} \times \dot{z} \qquad (56)$$

Como é evidente, este subsistema produz a potência que pode ser potencialmente recolhida em condições ideais. Além disso, a potência disponível depende da velocidade de deflexão da suspensão.

4.3.5 Energia consumida para a ação de controlo

Este subsistema calcula a potência necessária para produzir forças de controlo. A força de controlo é calculada no circuito de realimentação e depende da matriz R selecionada para a otimização LQR. A equação determinante para este subsistema é,

$$E_c = \frac{1}{c_{eq}} f^2 + f\dot{z} \qquad (57)$$

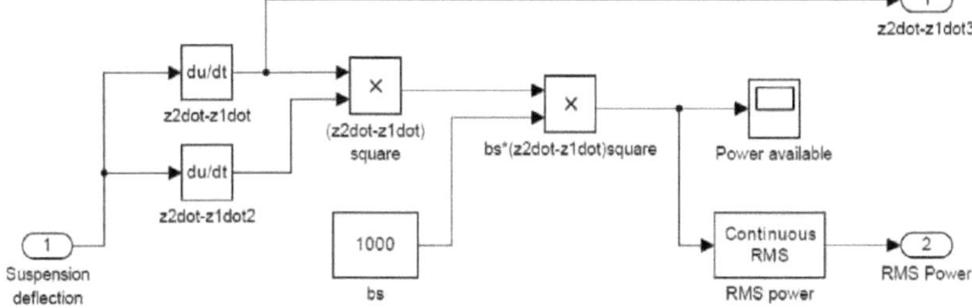

Figura 17: Cálculo da potência disponível para a colheita

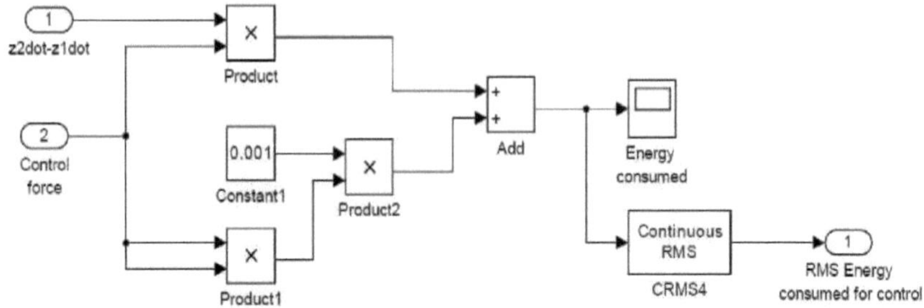

Figura 18: Cálculo da potência consumida pelo atuador

4.3.6 Estabilidade do sistema

A partir de Silva, a estabilidade do sistema pode ser determinada a partir da posição dos pólos e dos zeros do sistema que está a ser investigado. O gráfico pólo-zero obtido com o comando 'pzplot(S)' é apresentado na figura seguinte.

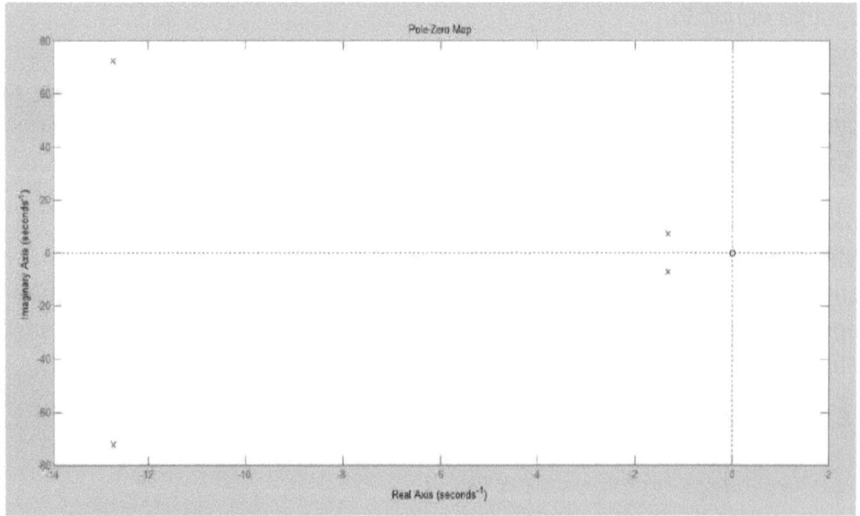

Figura 19: Gráfico do pólo zero para o modelo de um quarto de carro

Uma vez que não existem valores positivos (reais ou imaginários), diz-se que o modelo é estável.

4.4 Modelação da configuração de meio carro

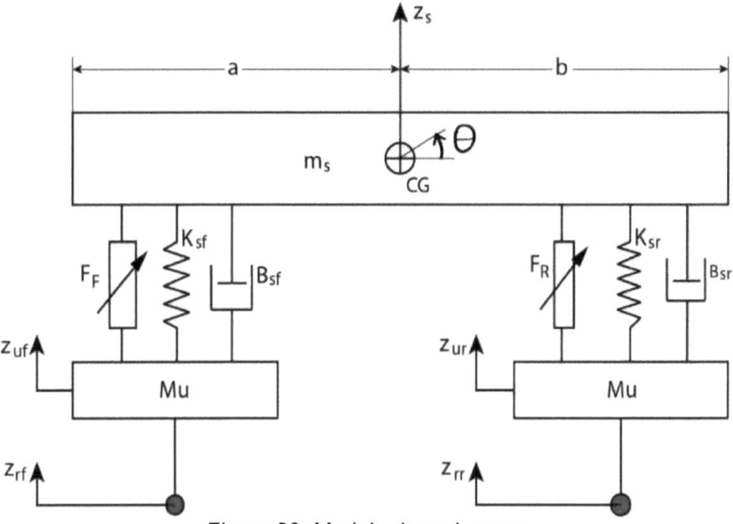

Figura 20: Modelo de meio carro

Assumindo as condições iniciais como $Z_s > Z_{ur} > Z_{uf}$, as forças ascendentes e os momentos anti-horários devem ser positivos.

As equações de movimento que descrevem o modelo de meio carro apresentado são

$$m_s \ddot{z}_s = -k_{sf}(z_s - a\theta - z_{uf}) - B_{sf}(\dot{z}_s - a\dot{\theta} - \dot{z}_{uf}) + F_f - k_{sr}(z_s + b\theta - z_{ur}) - B_{sr}(\dot{z}_s + b\dot{\theta} - \dot{z}_{ur}) + F_r \tag{58}$$

$$I\ddot{\theta} = k_{sf}a(z_s - a\theta - z_{uf}) + B_{sf}a(\dot{z}_s - a\dot{\theta} - \dot{z}_{uf}) - F_f a - k_{sr}b(z_s + b\theta - z_{ur}) - B_{sr}b(\dot{z}_s + b\dot{\theta} - \dot{z}_{ur}) + F_r b \tag{59}$$

$$m_u \ddot{z}_{uf} = k_{sf}(z_s - a\theta - z_{uf}) + B_{sf}(\dot{z}_s - a\dot{\theta} - \dot{z}_{uf}) - F_f - k_u(z_{uf} - z_{rf}) \tag{60}$$

$$m_u \ddot{z}_{ur} = k_{sr}(z_s + b\theta - z_{ur}) + B_{sr}(\dot{z}_s + b\dot{\theta} - \dot{z}_{ur}) - F_r - k_u(z_{ur} - z_{rr}) \tag{61}$$

Os Estados selecionados são,

$x_1 = z_s$ (Displacement of sprung mass) (62)

$x_2 = \dot{z}_s$ (63)

$x_3=\theta$ (Pitch angular displacement) (64)

$x_4=\dot{\theta}$ (65)

$x_5=z_{uf}$ (Displacement of front tyre mass) (66)

$x_6=\dot{z}_{uf}$ (67)

$x_7=z_{ur}$ (Displacement of rear tyre mass) (68)

$x_8=\dot{z}_{ur}$ (69)

As entradas para este modelo são,

$u_1=z_{rf}$ (Road disturbance into front tyre) (70)

$u_2=z_{rr}$ (Road disturbance into rear tyre) (71)

$u_3=F_f$ (Front actuator control input) (72)

$u_4=F_r$ (Rear actuator control input) (73)

As saídas selecionadas são,

$y_1=z_s$ (74)

$y_2=\theta$ (75)

$y_3=z_{uf}$ (76)

$y_4=z_{ur}$ (77)

À semelhança do modelo do quarto de carro, estas equações são também introduzidas na forma matricial para serem utilizadas na representação do espaço de estados. A forma geral do espaço de estados é,

$$\dot{x}=Ax+Bu \quad (78)$$

$$y=Cx+Du \quad (79)$$

O modelo do meio veículo no espaço de estados é o seguinte

$$
\begin{bmatrix} \dot{x}_1 \\ \dot{x}_2 \\ \dot{x}_3 \\ \dot{x}_4 \\ \dot{x}_5 \\ \dot{x}_6 \\ \dot{x}_7 \\ \dot{x}_8 \end{bmatrix} =
\begin{bmatrix}
0 & 1 & 0 & 0 & 0 & 0 & 0 & 0 \\
\frac{-k_{sf}-k_{sr}}{M} & \frac{-B_{sf}-B_{sr}}{M} & \frac{ak_{sf}-bk_{sr}}{M} & \frac{aB_{sf}-bB_{sr}}{M} & \frac{k_{sf}}{M} & \frac{B_{sf}}{M} & \frac{k_{sr}}{M} & \frac{-B_{sr}}{M} \\
0 & 0 & 0 & 1 & 0 & 0 & 0 & 0 \\
\frac{ak_{sf}-bk_{sr}}{I} & \frac{aB_{sf}-bB_{sr}}{I} & \frac{-a^2k_{sf}-b^2k_{sr}}{I} & \frac{-a^2B_{sf}-b^2B_{sr}}{I} & \frac{-ak_{sf}}{I} & \frac{-aB_{sf}}{I} & \frac{bk_{sr}}{I} & \frac{bB_{sr}}{I} \\
0 & 0 & 0 & 0 & 0 & 1 & 0 & 0 \\
\frac{k_{sf}}{m_u} & \frac{B_{sf}}{m_u} & \frac{-ak_{sf}}{m_u} & \frac{-aB_{sf}}{m_u} & \frac{-k_{sf}-k_u}{m_u} & \frac{-B_{sf}}{m_u} & 0 & 0 \\
0 & 0 & 0 & 0 & 0 & 0 & 0 & 1 \\
\frac{k_{sr}}{m_u} & \frac{B_{sr}}{m_u} & \frac{bk_{sr}}{m_u} & \frac{bB_{sr}}{m_u} & 0 & 0 & \frac{-k_{sr}-k_u}{m_u} & \frac{-B_{sr}}{m_u}
\end{bmatrix}
+
\begin{bmatrix}
0 & 0 & 0 & 0 \\
0 & 0 & 1 & 1 \\
0 & 0 & 0 & 0 \\
0 & 0 & -a & b \\
0 & 0 & 0 & 0 \\
k_u & 0 & -1 & 0 \\
0 & 0 & 0 & 0 \\
0 & k_u & 0 & -1
\end{bmatrix}
\begin{bmatrix} u_1 \\ u_2 \\ u_3 \\ u_4 \end{bmatrix}
\tag{80}
$$

$$
\begin{bmatrix} y_1 \\ y_2 \\ y_3 \\ y_4 \end{bmatrix} = \begin{bmatrix} 1 & 0 & 0 & 0 & 0 & 0 & 0 & 0 \\ 0 & 0 & 1 & 0 & 0 & 0 & 0 & 0 \\ 0 & 0 & 0 & 0 & 1 & 0 & 0 & 0 \\ 0 & 0 & 0 & 0 & 0 & 0 & 1 & 0 \end{bmatrix} \begin{bmatrix} x_1 \\ x_2 \\ x_3 \\ x_4 \\ x_5 \\ x_6 \\ x_7 \\ x_8 \end{bmatrix} + \begin{bmatrix} 0 & 0 & 0 & 0 \\ 0 & 0 & 0 & 0 \\ 0 & 0 & 0 & 0 \\ 0 & 0 & 0 & 0 \end{bmatrix} \begin{bmatrix} u_1 \\ u_2 \\ u_3 \\ u_4 \end{bmatrix} \quad (81)
$$

4.5 Modelo de meio carro em Simulink

Isto é essencialmente semelhante à criação do modelo de um quarto de automóvel, pelo que os subsistemas como os geradores de perfis de entrada, os cálculos da potência disponível e a potência consumida permanecem os mesmos.

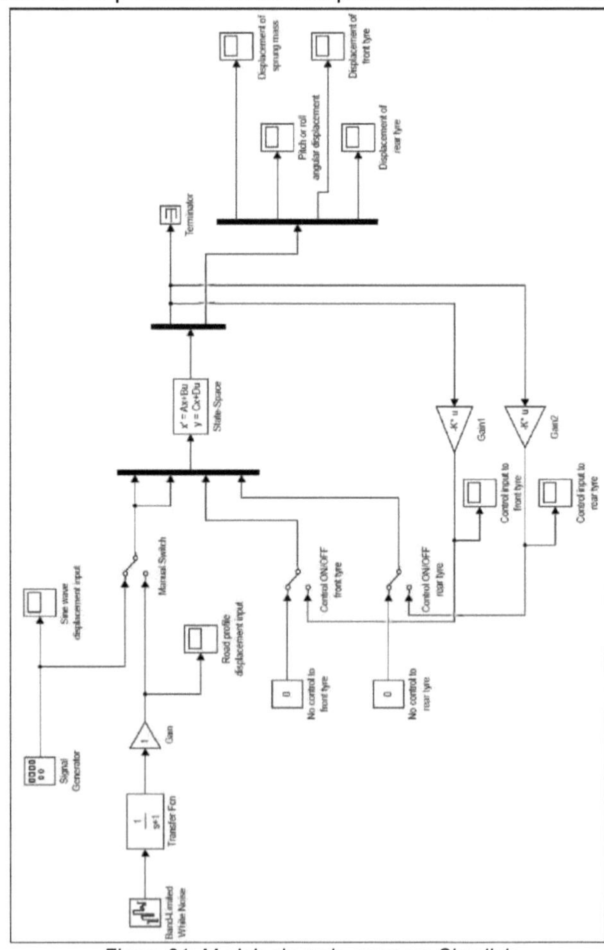

Figura 21: Modelo de meio carro em Simulink

O modelo de meio carro aqui apresentado não contém subsistemas para calcular a potência disponível e a potência consumida. Isto porque fornecerá resultados semelhantes aos do modelo de um quarto de carro em modo de ressalto. A implementação dos subsistemas de captação de energia permitirá o cálculo da potência em modo de inclinação ou de rotação.

A alteração dos parâmetros do veículo, como a posição do centro de gravidade, permite a utilização deste modelo em modo de inclinação ou de rotação, conforme desejado. Os parâmetros para este modelo foram selecionados consultando várias fontes [30] [9] [65] e escolhendo valores aproximadamente semelhantes.

Model Parameters	**Value selected**
Sprung mass of half car, m_s (kg)	505.1
Unsprung mass, m_{us} (kg)	35
Front suspension spring stiffness, k_{sf} (N/m)	15000
Rear suspension spring stiffness, k_{sr} (N/m)	15000
Front suspension damping coefficient, B_{sf} (Ns/m)	1500
Rear suspension damping coefficient, B_{sr} (Ns/m)	1500
Tyre stiffness, k_u (N/m)	155900
Distance from front axle to CG, a (m)	1.2
Distance from rear axle to CG, b (m)	1.4
Pitch moment of inertia, I (kgm^2)	1848

Quadro 4: Parâmetros do modelo de meio veículo

CAPÍTULO 5

5. Conceção da experiência

A fim de verificar experimentalmente as simulações, foi concebido um modelo experimental de um quarto de carro, que é aqui apresentado. Este modelo foi inspirado na montagem concebida por Quanser, que também foi utilizada neste projeto. Os objectivos que esta conceção deve satisfazer são,

- Tem de reproduzir o modelo de dois graus de liberdade com a maior exatidão possível.
- Deve ter disposições que permitam ao utilizador alterar as magnitudes das massas e a rigidez das molas.
- Capacidade de simulação de vários factores de produção rodoviários a fornecer.
- Acções de excitação e controlo de entradas rodoviárias a realizar com actuadores lineares.
- O sistema deve ser capaz de demonstrar capacidades de regeneração de energia.

5.1 Modelo do quarto de automóvel

A figura mostra o modelo teórico de base em que assenta a conceção. O mesmo modelo é também utilizado para a simulação teórica em MATLAB. As equações diferenciais lineares determinantes para este modelo foram derivadas numa secção separada deste relatório.

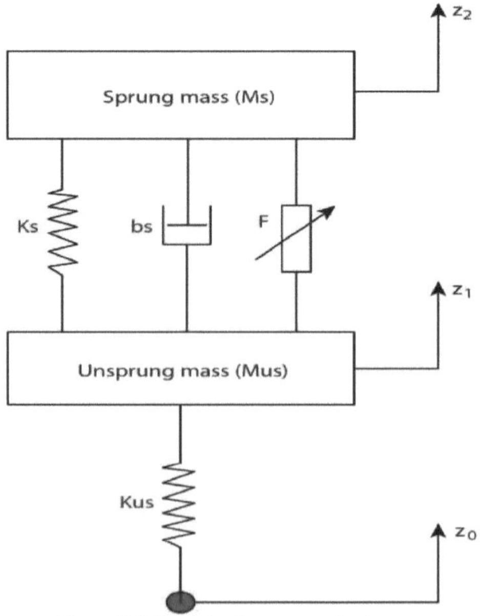

Figura 22: Modelo de um quarto de carro

5.2 Projeto proposto

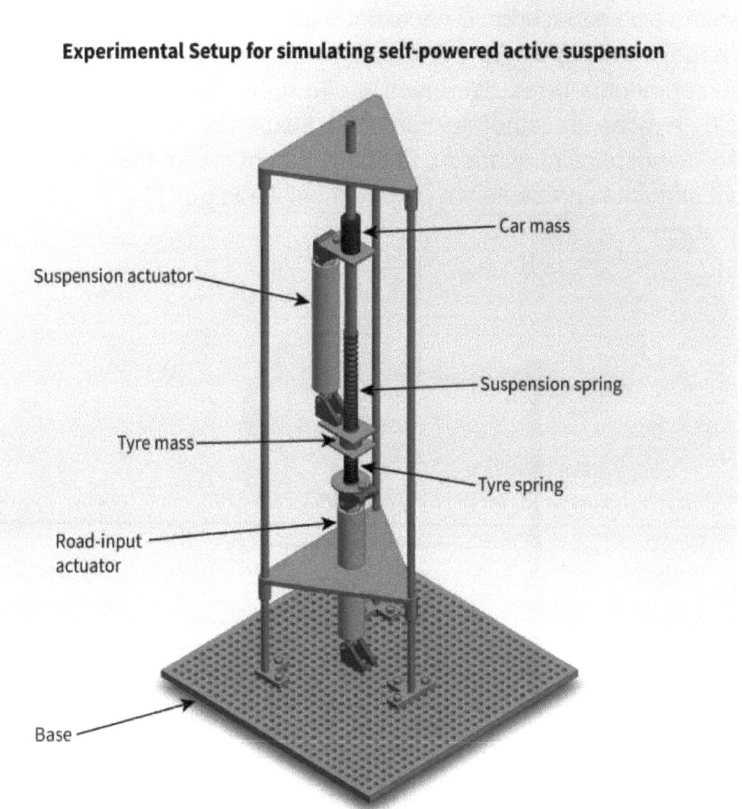

Figura 23: Desenho concetual da experiência do quarto de carro

Este desenho foi criado utilizando o Solidworks e mostra um conceito para implementar fisicamente o modelo do quarto de carro. O atuador de entrada de estrada está fixo a uma base e a haste do atuador empurra um eixo guia central para cima e para baixo. O veio guia é suportado no topo através de um rolamento linear liso e de uma estrutura de suporte; o atuador da base também é suportado pela mesma estrutura de suporte. A placa ligada ao atuador de entrada de estrada actua como uma superfície de estrada e transmite forças para a massa não suspensa através da mola do pneu; uma vez que o amortecimento é normalmente insignificante, não foi implementado. A massa do pneu é livre de deslizar para cima e para baixo ao longo do eixo de guia central; o atrito entre o eixo e o rolamento proporciona um certo nível de amortecimento que pode ser negligenciado de modo a simplificar os cálculos. Além disso, o movimento é transmitido à massa suspensa através da mola de suspensão e do espaçador. É necessário um veio espaçador ou várias anilhas entre a mola de suspensão e a massa suspensa porque as diferentes molas têm comprimentos livres diferentes e são mais curtas do que o atuador de controlo. A ação de amortecimento da suspensão é simulada através do atuador da suspensão quando este funciona em modo regenerativo.

A figura seguinte apresenta um projeto modificado que tem em conta o fabrico e a montagem.

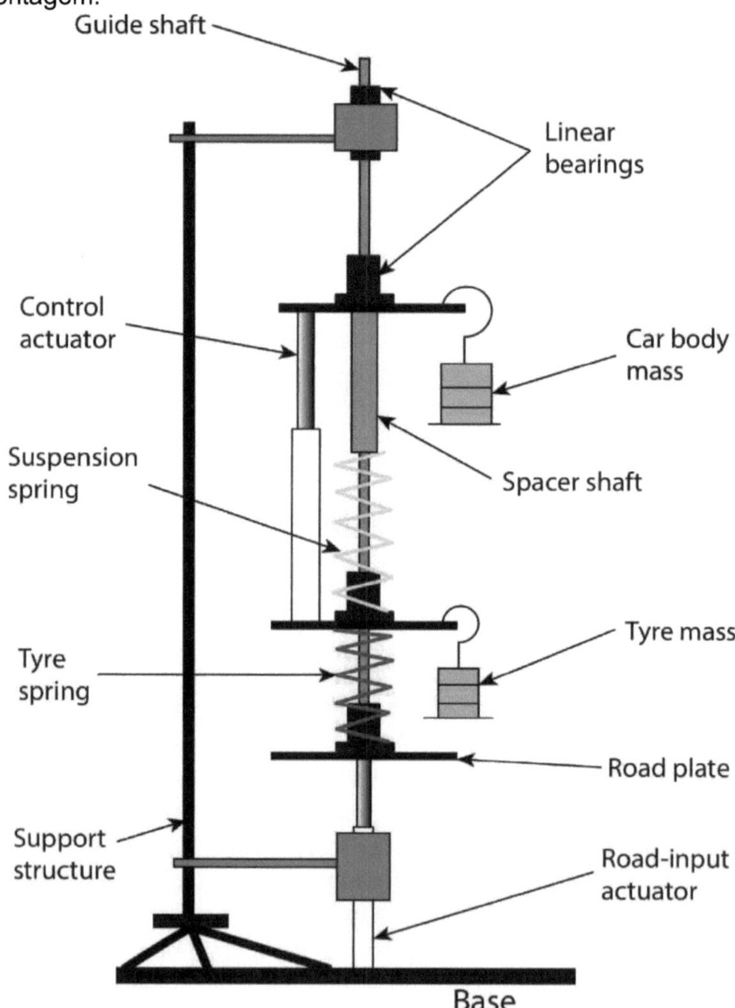

Figura 24: Esquema da experiência do quarto de carro

5.2.1 Parâmetros variáveis fornecidos na experiência

Para os cálculos de base iniciais, a magnitude da massa suspensa é escolhida para ser aproximadamente 2,5 kg e a massa não suspensa é 1 kg. Em seguida, as molas da suspensão e dos pneus foram escolhidas de modo a fornecer frequências naturais suspensas e não suspensas de cerca de 1 Hz e 14 Hz, respetivamente [11].

Os valores típicos das frequências naturais suspensas e não suspensas encontrados em vários automóveis são apresentados no quadro seguinte para referência [11]

Class of car	**Sprung mass natural frequency (Hz)**	**Unsprung mass natural frequency (Hz)**
Small single seat Race cars	2.5 – 3.5	15 – 19
Passenger cars	1 – 2	10 – 12
NASCAR	1.5 – 4	15 – 17
Indy car	5 – 7	23 – 27

Tabela 5: Valores típicos das frequências naturais suspensas e não suspensas

A tabela seguinte mostra as taxas de mola e as frequências naturais correspondentes disponíveis nesta configuração experimental. Para estes cálculos, a massa suspensa é de 2,5 kg e a massa não suspensa é de 1 kg.

Suspension spring stiffness (N/mm)	**Tyre spring stiffness (N/mm)**	**Sprung natural frequency (Hz)**	**Tyre hop frequency (Hz)**
0.67	8.76	2.6	14.89
0.9	11.21	3	16.85
1.36	14.89	3.7	19.42
1.9	19.61	4.4	22.28

Tabela 6: Frequências naturais suspensas e não suspensas disponíveis

5.2.2 Actuadores lineares

Foram selecionados actuadores lineares da SMC, que são aqui apresentados com as especificações relevantes. Os actuadores da SMC forneceram actuadores que correspondiam de perto aos requisitos deste projeto em termos de capacidade de carga e velocidades de deslocação. Embora seja desejável uma maior velocidade de deslocação, o custo dos actuadores lineares de alta velocidade não se justifica para este projeto.

Figura 25: Actuadores lineares da SMC

O atuador de entrada de estrada tem as seguintes especificações,

Specification	Value
Actuation type	Lead screw driven by a DC motor
Input voltage	24 V DC
Maximum load	117 N or 11.92 kg
Maximum speed	100 mm/s
Maximum stroke length	200 mm

Quadro 7: Especificações do atuador de simulação rodoviária

O atuador de controlo tem

Specification	Value
Actuation type	Lead screw driven by DC motor
Input voltage	24 V DC
Maximum load	43 N or 4.38 kg
Maximum speed	100 mm/s
Maximum stroke length	100 mm

Tabela 8: Especificações do atuador de controlo

Ambos os actuadores lineares devem ser acionados por placas Arduino através de controladores de motor. Os actuadores devem ser acionados com um simples controlo on-off.

5.2.3 Relatório de custos

Os custos das peças adquiridas para este projeto foram aqui apresentados;

os custos não incluem despesas de envio e manuseamento. Todas as peças necessárias para construir o quarto de carro experimental proposto estão incluídas aqui.

Part Name	Part Number	Unit Price	Nos.	Total price	Source
Arduino Uno Starter kit	761-7355	£64.53	1	£64.53	*http://uk.rs-online.com*
ATmega328 MCU Board Rev 3	715-4081	£17.33	1	£17.33	*http://uk.rs-online.com*
Duracell Alkaline 9V Battery	386-9997	£2.70	1	£2.70	*http://uk.rs-online.com*
Arduino Motor Shield Rev3	758-9349	£17.64	1	£17.64	*http://uk.rs-online.com*
SyRen 25A regenerative motor driver		£48.28	2	£96.56	*https://www.dimensionengineering.com*
Buffered ±2g Accelerometer	DE-ACCM2G2	£14.78	2	£29.56	*https://www.dimensionengineering.com*
Compression springs	1068	£1.22	1	£1.22	*http://www.entexstocksprings.co.uk/index.php?route=product/category&path=35&unit=mm*
	119	£0.94	1	£0.94	
	1062	£1.22	1	£1.22	
	113	£0.94	1	£0.94	
	117	£0.94	1	£0.94	
	1066	£1.32	1	£1.32	
	110	£0.94	1	£0.94	

	116	£0.94	1	£0.94	
Linear bearings (with flanges)	FJUM-01-10	£25.99	3	£77.97	*http://www.igus.co.uk/wpck/2309/drylin_r_fjum_01?C=GB&L=en*
Linear bearing (plain)	RJUM-01-10	£10.53	1	£10.53	*http://www.igus.co.uk/wpck/2292/drylin_r_rjum_01*
Solid Aluminium shaft	AWMP-10	£22.93	0.6	£13.76	*http://www.igus.co.uk/wpck/2335/drylin_r_awmp*
SMC 43N Lead Screw Electric Linear Actuator, 24V dc, 100mm Stroke	700-9089	£266.21	1	£266.21	*http://uk.rs-online.com/web/*
SMC 117N Lead Screw Electric Linear Actuator, 24V dc, 200mm Stroke	700-9108	£442.16	1	£442.16	*http://uk.rs-online.com/web/*

Quadro 9: Relatório de custos da experiência proposta

CAPÍTULO 6

6. Instalação experimental Quanser

A configuração de um quarto de carro desenvolvida pela Quanser foi utilizada neste projeto para comparar e validar os resultados obtidos através de simulações. A configuração experimental é semelhante ao modelo de dois graus de liberdade utilizado no MATLAB. Esta secção apresenta uma breve descrição da configuração e do modelo Simulink utilizado para operar a configuração.

6.1 Descrição da configuração

Figura 26: Configuração de um quarto de carro Quanser

A Experiência de Suspensão Ativa (Active Suspension Experiment, ASE) é um modelo à escala de bancada para emular um modelo de um quarto de carro controlado por um mecanismo de Suspensão Ativa. A instalação é constituída por três pisos/placas sobrepostos.

O piso superior assemelha-se à carroçaria do veículo e está suspenso sobre a placa intermédia por duas molas. Entre as placas superior e intermédia encontra-se também um motor DC de alta qualidade com acionamento por cabrestante para simular um mecanismo de suspensão ativa. O piso superior está equipado com um acelerómetro para medir a aceleração da carroçaria do veículo em relação ao solo. A placa intermédia está em contacto com a placa inferior, ou seja, a estrada, através de uma mola e constitui o pneu no modelo de um quarto de carro.

O piso inferior fornece a excitação da estrada no sistema. Está ligado a um motor DC de resposta rápida para que o projetista possa simular diferentes perfis de estrada.

Quando o motor gira, o binário criado no veio de saída é traduzido, através do parafuso de avanço e do mecanismo de engrenagem, numa força linear que resulta no movimento da placa inferior. A estrutura é feita de aço e as três placas podem deslizar suavemente ao longo de um eixo de aço inoxidável utilizando rolamentos lineares.

O movimento das duas placas inferiores é controlado diretamente por dois codificadores ópticos de alta resolução, enquanto um terceiro codificador mede o movimento da placa superior em relação à placa central. Esta estrutura de um quarto de carro à escala foi concebida para estudar aspectos críticos das implementações de controlo da suspensão ativa.

Figura 27: Instalação experimental Quanser no laboratório

6.1.1 Modelação de um quarto de carro

Um modelo de dois graus de liberdade, como mostra a figura seguinte, é a base para a configuração experimental.

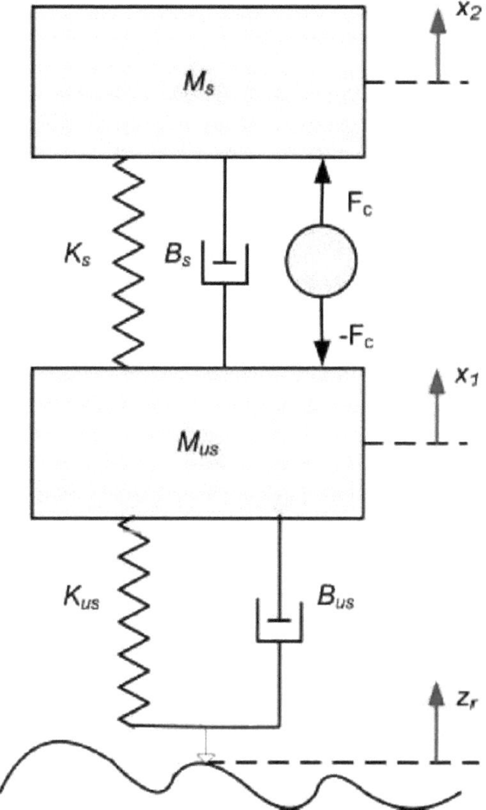

Figura 28: Modelo teórico da instalação experimental de Quanser

Como é evidente na figura, o amortecimento dos pneus também é incluído no cálculo. Esta é a única diferença na modelação do espaço de estados entre esta configuração experimental e a simulação. Os parâmetros do espaço de estados são,

$$x = \begin{bmatrix} z_s - z_{us} \\ \dot{z}_s \\ z_{us} - z_r \\ \dot{z}_{us} \end{bmatrix} \tag{82}$$

$$u = \begin{bmatrix} \dot{z}_r \\ F_c \end{bmatrix} \tag{83}$$

$$y = \begin{bmatrix} z_s - z_{us} \\ \ddot{z}_s \end{bmatrix} \qquad (84)$$

Esta configuração também utiliza a técnica do Regulador Quadrático Linear para controlo ativo. As matrizes Q e R selecionadas são,

$$Q = \begin{bmatrix} 450 & 0 & 0 & 0 \\ 0 & 30 & 0 & 0 \\ 0 & 0 & 5 & 0 \\ 0 & 0 & 0 & 0.01 \end{bmatrix} \qquad (85)$$

$$R = 0.01 \qquad (86)$$

6.2 Modelo Simulink para controlar a configuração

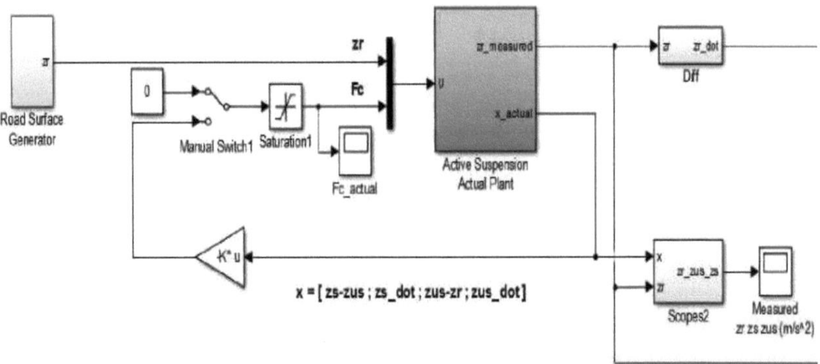

Figura 29: Modelo Simulink para controlo do modelo de Quanser

Este modelo Simulink é utilizado para introduzir dados na instalação experimental; também recebe dados da instalação e apresenta-os utilizando o âmbito do Simulink.

O gerador de superfície de estrada é semelhante à simulação e gera entradas de perfil de estrada ou de onda sinusoidal, conforme desejado. Por defeito, o bloco só podia gerar entradas de ondas de passo, mas foi modificado de modo a que as entradas possam ser as mesmas que as fornecidas à simulação.

6.1.2 Bloco gerador de superfície de estrada

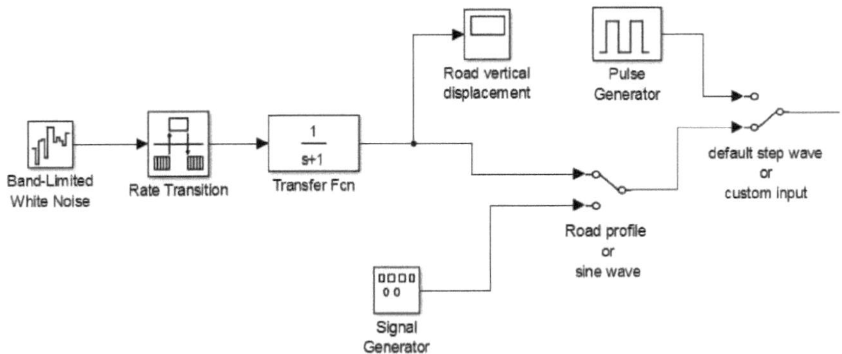

Figura 30: Bloco gerador de superfície de estrada

Como é evidente na figura acima, é semelhante à utilizada para a simulação. A única diferença é que o bloco derivado não está incluído aqui porque foi incorporado por defeito num bloco posterior, que não é mostrado aqui. O gerador de impulsos predefinido foi mantido e pode ser utilizado se o utilizador assim o desejar.

CAPÍTULO 7

7. Resultados e discussão

7.1 Melhoria do conforto de condução

O conforto de condução pode geralmente ser caracterizado pelas acelerações verticais sentidas pela carroçaria do veículo e pelos seus ocupantes. Os efeitos de grandes deformações da suspensão não foram aqui considerados porque o seu efeito no conforto de condução é secundário em relação à aceleração da carroçaria.

A simulação de um quarto de automóvel e os dados experimentais de um quarto de automóvel Quanser foram comparados e aqui apresentados sob a forma de gráficos da velocidade do veículo em estrada e das acelerações verticais da carroçaria.

Uma vez que as magnitudes dos parâmetros do automóvel na simulação e na configuração experimental são de escalas diferentes, a comparação do conforto de condução baseia-se na observação de tendências nos gráficos traçados. As figuras seguintes mostram o efeito das entradas de controlo ativo na melhoria do conforto de condução.

7.1.1 Resultados da simulação com entradas de perfil de estrada

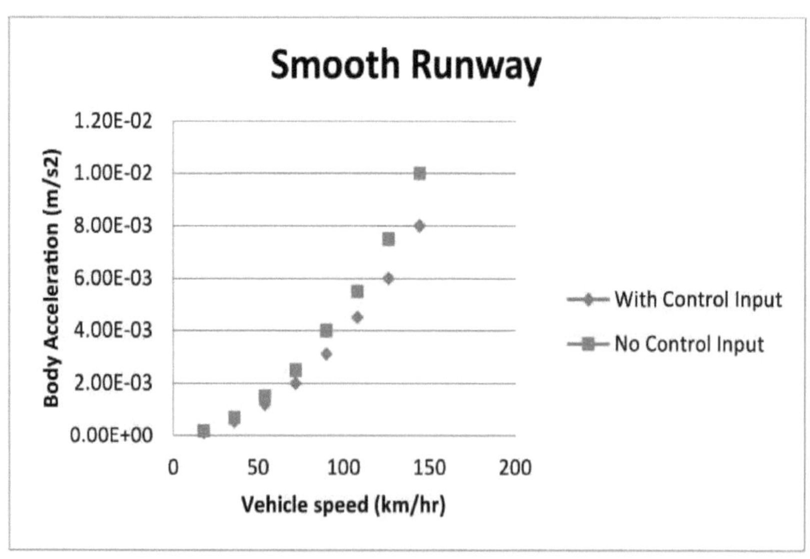

Figura 31: Resultados da simulação para pista lisa

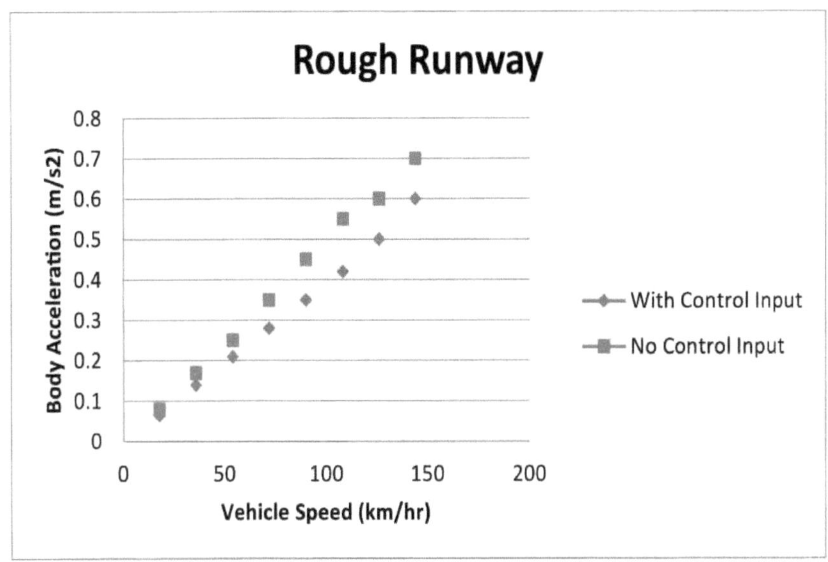

Figura 32: Resultados da simulação para pista irregular

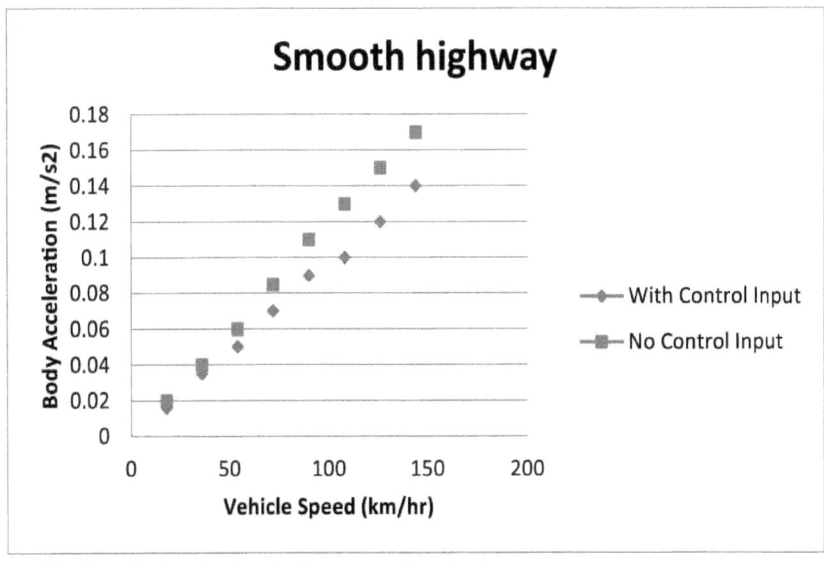

Figura 33: Resultados da simulação para autoestrada suave

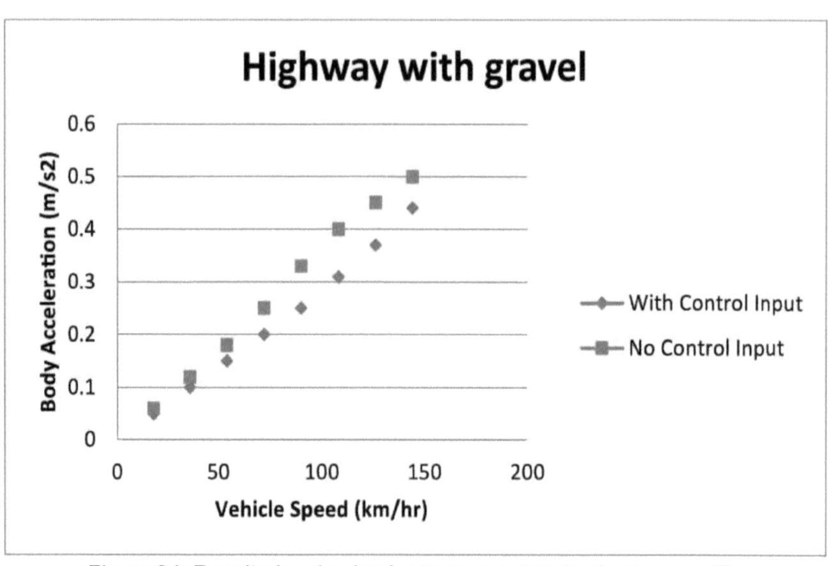

Figura 34: Resultados da simulação para autoestrada com gravilha

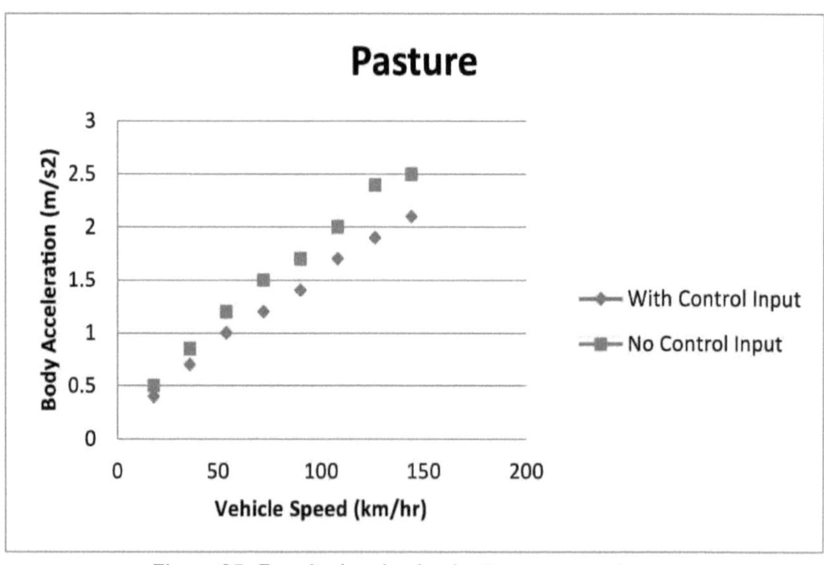

Figura 35: Resultados da simulação para a pastagem

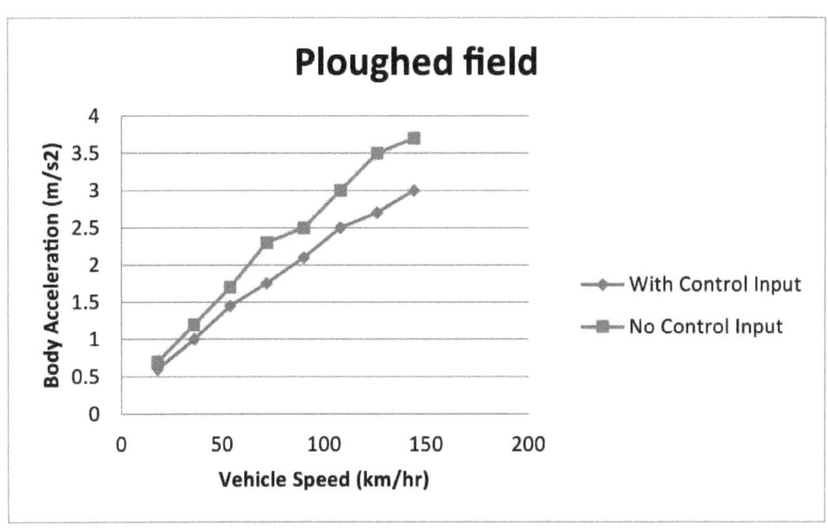

Figura 36: Resultados da simulação para campo arado

Road profile	Reduction in vertical body acceleration through Active suspension control
Smooth runway	23.32 %
Rough runway	18.65 %
Smooth highway	18.21 %
Highway with gravel	18.32 %
Pasture	17.97 %
Ploughed field	18 %

Quadro 10: Melhoria da aceleração vertical do corpo

Dos valores acima apresentados, é evidente que as acelerações verticais da carroçaria sofridas pela carroçaria do automóvel foram consideravelmente reduzidas, ou seja, 19,07 % em média, em diferentes condições de estrada. Isto acontece com uma seleção conservadora das matrizes Q e R. Com uma maior otimização das referidas matrizes, podem esperar-se maiores reduções nas acelerações da carroçaria.

Uma vez que o sistema em estudo deve ser auto-alimentado, os actuadores devem consumir menos energia do que a que regeneram. As capacidades de regeneração de energia são discutidas nas secções seguintes.

7.1.2 Resultados da experiência com as entradas do perfil da estrada

A configuração experimental do scanner foi sujeita ao mesmo sinal de entrada do perfil da estrada que as simulações.

A redução das acelerações da carroçaria devido ao controlo ativo é mais evidente na configuração experimental, porque as matrizes Q e R já estão optimizadas para a configuração, ou seja, as forças de controlo geradas pelo circuito de realimentação estão dentro das limitações práticas do motor de controlo.

Não foi possível gerar resultados para condições de estrada muito difíceis porque as deslocações das massas suspensas e não suspensas excederam os limites físicos da instalação quando sujeitas a entradas correspondentes a "pastagem" e "campo arado". Além disso, variações muito pequenas nos dados do perfil da estrada, como as encontradas em "pista lisa", não puderam ser reproduzidas na configuração devido a variações insignificantes que não puderam ser observadas.

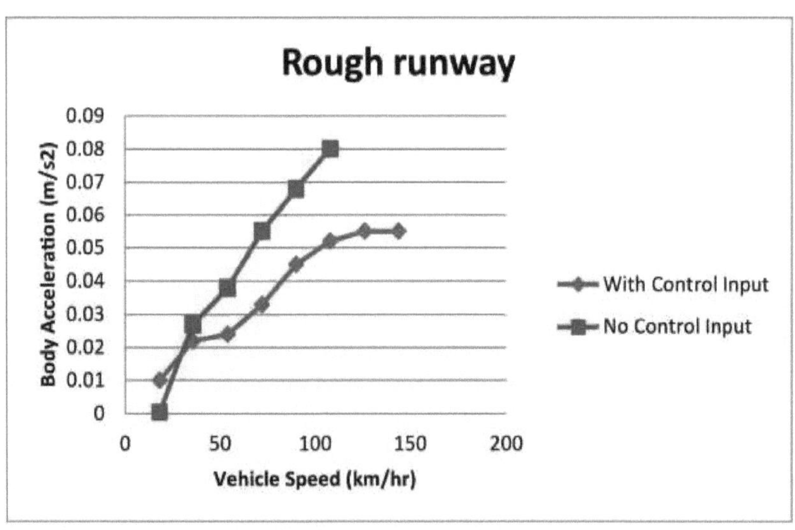

Figura 37: Resultados experimentais com pista irregular

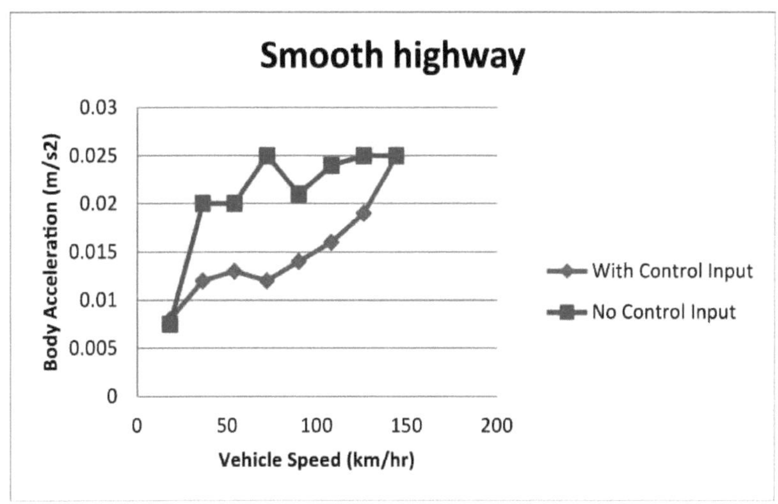

Figura 38: Resultados experimentais com autoestrada lisa

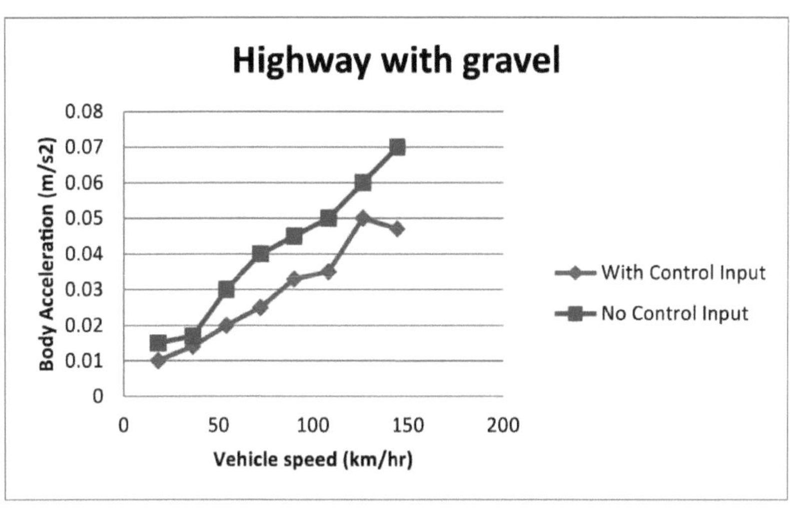

Figura 39: Resultados experimentais em autoestrada com gravilha

Road profile	Reduction in vertical body acceleration through Active suspension control
Rough runway	32.84 %
Smooth highway	36.28 %
Highway with gravel	28.5 %

Quadro 11: Melhorias na aceleração do corpo para a experiência

Os resultados são semelhantes aos obtidos com as simulações. Além disso, na configuração experimental, obtém-se uma maior redução das acelerações da carroçaria, ou seja, 32,54% em diferentes condições de estrada.

7.1.3 Resultados da simulação com entradas de onda sinusoidal

Os resultados seguintes são obtidos com entradas de ondas sinusoidais de amplitude e frequência variáveis.

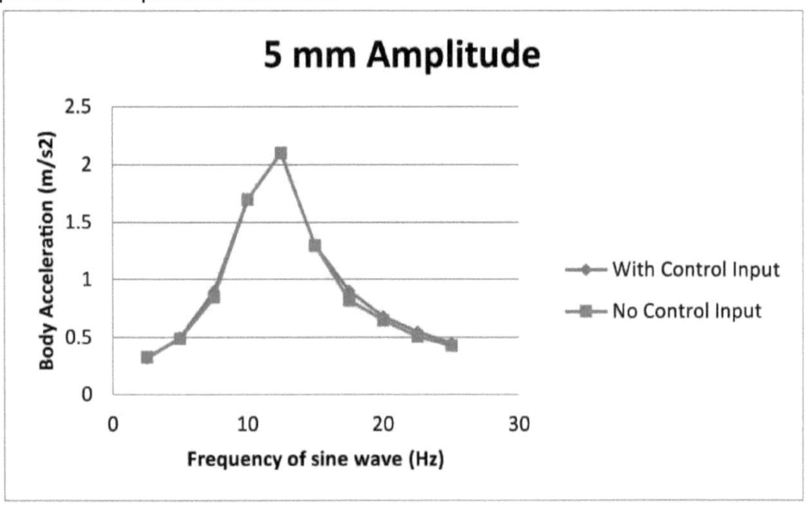

Figura 40: Resultados da simulação com onda sinusoidal de amplitude 5mm

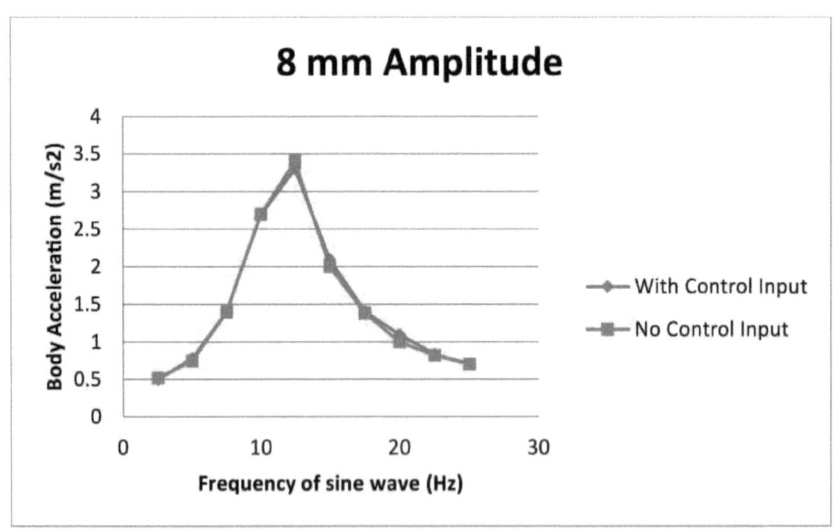

Figura 41: Resultados da simulação com onda sinusoidal de 8 mm de amplitude

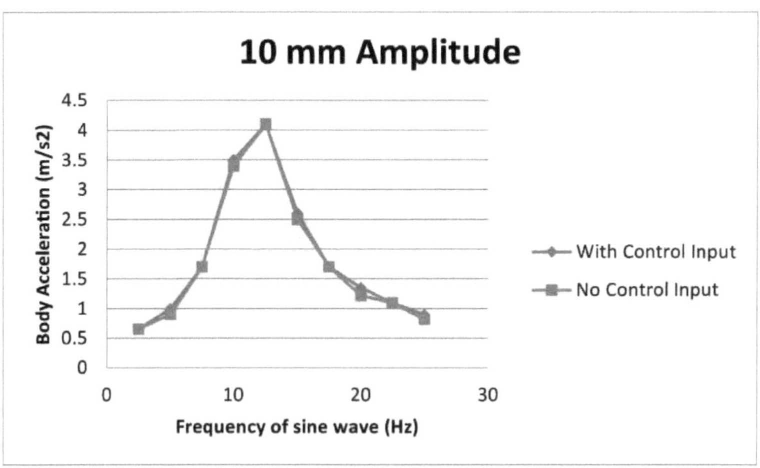

Figura 42: Resultados da simulação com onda sinusoidal de 10 mm de amplitude

A partir dos gráficos acima, é evidente que as forças de controlo geradas não são suficientes para reduzir as acelerações verticais do corpo.

7.1.4 Resultados da experiência com entradas de ondas sinusoidais

Tal como no caso das entradas do perfil da estrada, só puderam ser testadas ondas sinusoidais com uma amplitude de 1 mm porque os deslocamentos das massas suspensas e não suspensas nas frequências de ressonância não podiam ser sustentados com amplitudes mais elevadas.

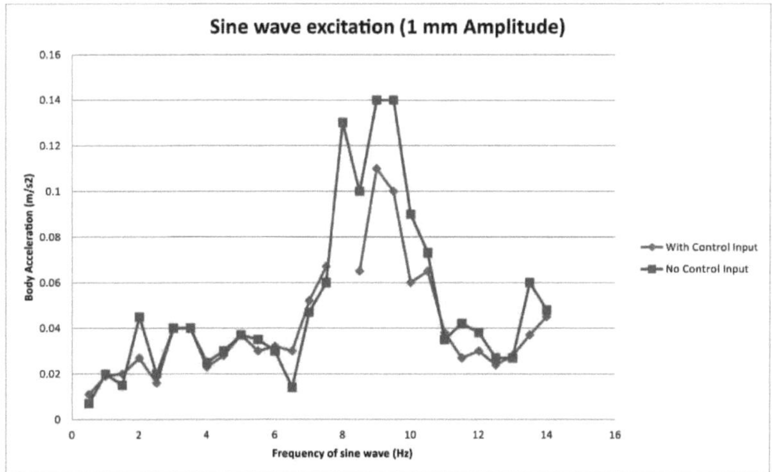

Figura 43: Resultados experimentais com entradas de onda sinusoidal

A configuração experimental é mais capaz de demonstrar acelerações reduzidas da carroçaria do que a simulação quando sujeita a entradas de ondas sinusoidais. A redução da aceleração vertical da carroçaria é mais evidente durante a frequência de ressonância da carroçaria (cerca de 2 Hz) e na frequência de salto do pneu (cerca de 8,5 Hz).

7.2 Análise do balanço energético

Para que este sistema funcione em modo de auto-alimentação, deve consumir menos energia do que a que regenera. Os gráficos seguintes mostram a energia teórica disponível e também a energia necessária para produzir forças de controlo; estas são calculadas utilizando os dados da deflexão da suspensão e da força do atuador, tanto da simulação como da configuração experimental.

7.2.1 Resultados da simulação com entradas de perfil de estrada

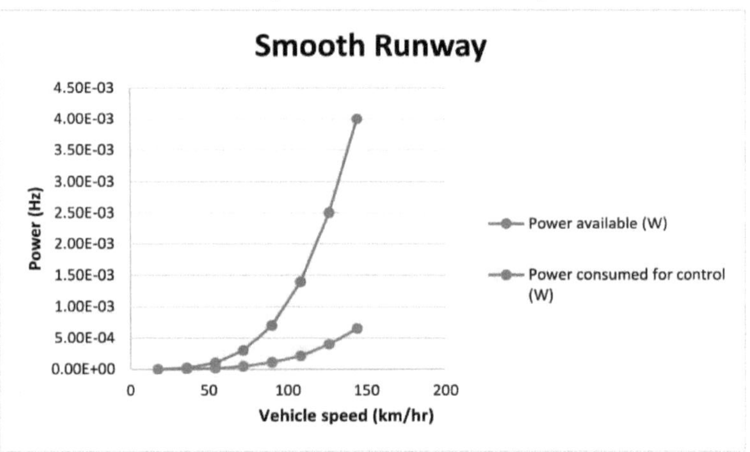

Figura 44: Resultados da simulação com pista lisa

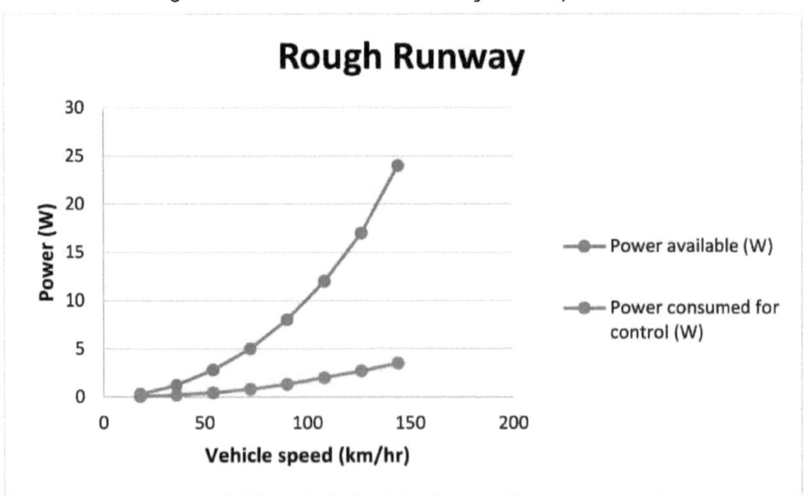

Figura 45: Resultados da simulação com pista irregular

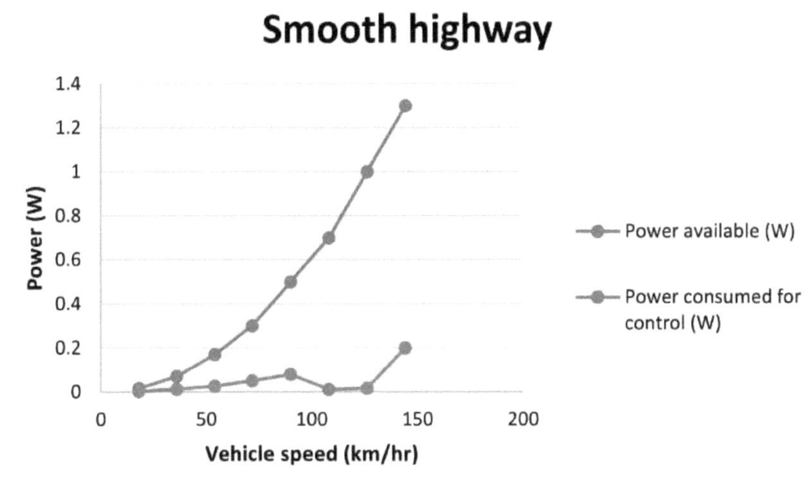

Figura 46: Resultados da simulação com autoestrada suave

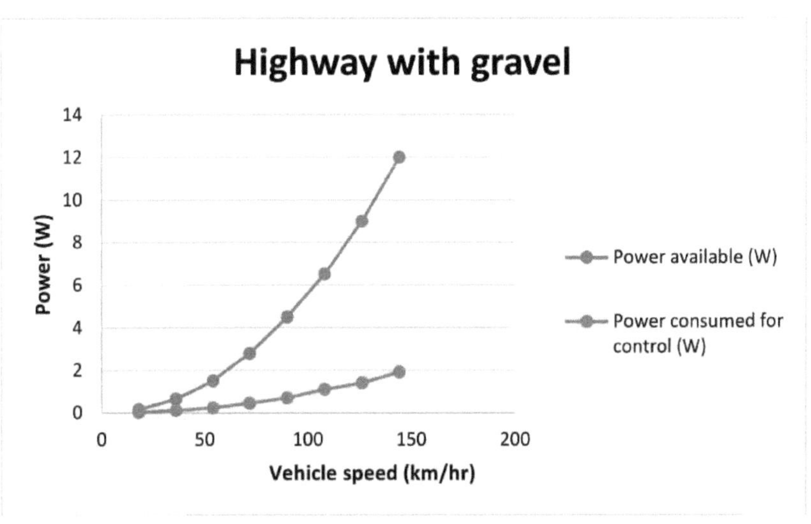

Figura 47: Resultados da simulação para autoestrada com gravilha

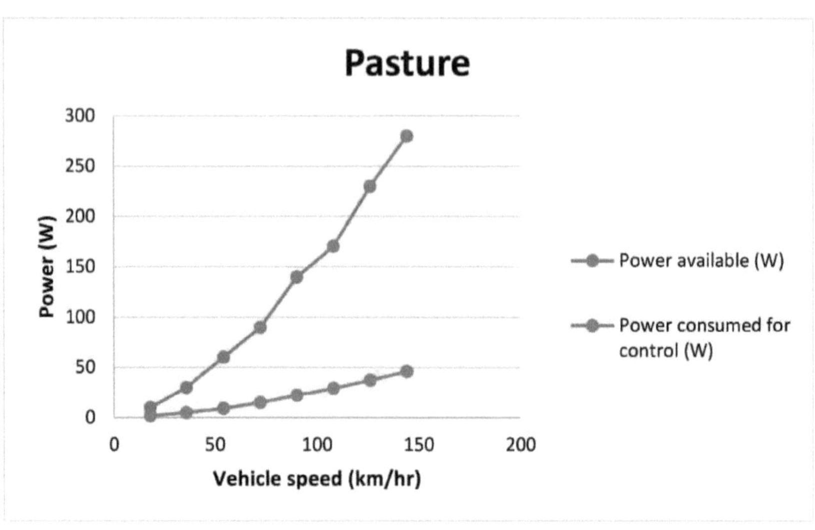

Figura 48: Resultados da simulação para a pastagem

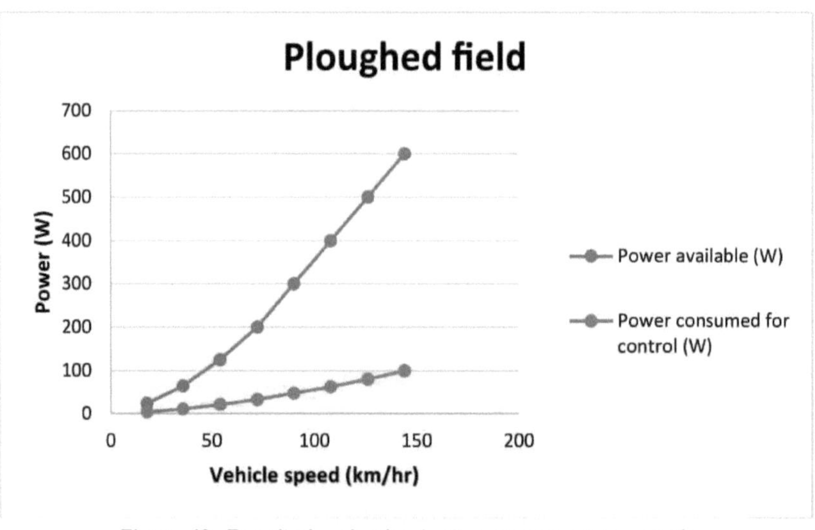

Figura 49: Resultados da simulação para um campo arado

Os gráficos mostram que a potência consumida para produzir a força de controlo é muito inferior à potência disponível para a recolha. Isto deve-se ao facto de os valores calculados para a potência consumida não terem em conta as perdas de conversão e transmissão, e dependerem apenas da constante do motor do atuador. No entanto, mesmo depois de considerar essas perdas, existe margem suficiente para aumentar o esforço de controlo através da modificação das matrizes Q e R.

Type of road profile	Average power available (W)	Peak power available (W)	% of average power available Consumed for control
Smooth runway	1.13e-03	4e-03	15.89
Rough runway	8.8	24	15.63
Smooth highway	0.5	1.3	9.82
Highway with gravel	4.63	12	15.97
Pasture	126.25	280	16.3
Ploughed field	276.75	600	16.23

Quadro 12: Resultados do balanço energético das simulações

Os cálculos do balanço de energia não foram efectuados na configuração experimental porque seriam semelhantes aos resultados da simulação, uma vez que dependeriam apenas da deflexão da suspensão e dos dados da força do atuador. Uma vez que os resultados da simulação estão correlacionados com os resultados experimentais em termos de deflexão da suspensão e aceleração da carroçaria, é suficiente para validar a simulação.

CAPÍTULO 8

8. Conclusões e debate

8.1 Conclusões

O projeto pretendia estudar a capacidade de recolha de energia utilizando um modelo de automóvel completo com 7 DOF. No entanto, não foi possível concluí-lo devido à sua complexidade. Foi desenvolvido um modelo de um quarto de carro em MATLAB e Simulink que é representativo de um modelo de 2 DOF.
Os resultados da simulação mostraram que este modelo tem um desempenho satisfatório e foi validado através da comparação com o modelo experimental de um quarto de automóvel da Quanser.

8.1.1 Desempenho da suspensão ativa

A configuração experimental Quanser é utilizada com as suas predefinições para garantir a validade dos resultados obtidos, de modo a poder ser comparada com a simulação criada. Por conseguinte, as matrizes Q e R já foram optimizadas. Os resultados da simulação mostraram que ainda há margem para aumentar as forças do atuador de controlo.
Os resultados da simulação mostraram que se consegue uma redução de cerca de 20% nas acelerações verticais do corpo com as matrizes Q e R definidas, havendo ainda margem para melhorias. Os valores optimizados na configuração experimental padrão mostram uma redução de 30% na mesma. Estes valores representam a redução média das acelerações verticais da carroçaria quando sujeita a uma vasta gama de condições de estrada e de velocidade.
As entradas de onda sinusoidal produziram resultados semelhantes aos da configuração experimental, no entanto, as forças do atuador de controlo geradas na simulação foram insuficientes para produzir qualquer redução considerável nas acelerações verticais do corpo.

8.1.2 Capacidades de regeneração de energia

A energia disponível não foi medida diretamente na configuração experimental porque a experiência padrão não foi concebida para demonstrar as capacidades de regeneração de energia.
No entanto, utilizando os dados da deflexão da suspensão e da força do atuador de controlo, foi apresentada a potência teórica disponível para recolha. Além disso, os valores apresentados são quando o atuador está a produzir as forças de controlo para produzir o efeito de suspensão ativa

demonstrado na secção anterior.

Nas simulações, uma vez que as matrizes Q e R foram definidas de forma conservadora, os valores calculados da energia necessária são muito inferiores aos que podem ser teoricamente produzidos. Apenas cerca de 15% da energia disponível após a recolha está a ser utilizada para produzir acções de controlo. Mesmo com uma abordagem conservadora, verifica-se uma melhoria considerável no conforto de condução.

8.2 Recomendações

Este projeto estudou o sistema de suspensão ativa auto-alimentado utilizando a simulação de um quarto de carro e o equipamento de teste padrão de um quarto de carro. Além disso, foi apresentado um projeto de um banco de ensaio de 2 DOF para um quarto de automóvel que pode ser construído utilizando as peças descritas.

Este pode ser construído para demonstrar as capacidades de recolha de energia num sistema físico prático.

Foi desenvolvido um modelo de meio veículo para simulações com modos de ressalto, inclinação e rotação. Os subsistemas de captação de energia desenvolvidos para o modelo de um quarto de carro podem ser utilizados com o modelo de meio carro.

Assim, a captação de energia em condições de rolamento e inclinação pode ser estudada independentemente do modo de ressalto e também em combinação. Pode ser criado um modelo de 7 DOF para simulação e nele podem ser utilizados os mesmos subsistemas de captação de energia, consumo de energia e geração de entradas na estrada.

Referências

[1] Agharkakli, A., Sabet, G.S. and Barouz, A. (2012) 'Simulation and Analysis of Passive and Active Suspension System Using Quarter Car Model for Different Road Profile', *International Journal of Engineering trends and technology,* 3(5), pp. 636-644.

[2] Agostinacchio, M., Ciampa, D. e Olita, S. (2013) "The vibrations induced by surface irregularities in road pavements - a Matlab approach", *European Transport Research Review,* 6(127).

[3] Akbari, A., Geravand, M. e Lohmann, B. 'Output feedback constrained H-infinity control of active vehicle suspensions', *IEEE. 978-1-4244-5848-6/10. junho de 2010.*

[4] Beeby, S.P., Tudor, M.J. e White, N.M. (2006) "Energy harvesting vibration sources for microsystems applications", *Measurement Science and*

Technology, 17, pp. 175-195.

[5] Chen, J. e Lei, J. (2013) "Optimal Vibration Control for Active Suspension Systems with Actuator Delay", *Integrated Ferroelectrics: An International Journal,* 145(1), pp. 46-58.

[6] David, S.B. e Bobrovsky, B.Z. (2011) "Actively controlled vehicle suspension with energy regeneration capabilities", *Vehicle System Dynamics: International Journal of Vehicle Mechanics and Mobility,* 49(6), pp. 833-854.

[7] de Silva, C.W. (2009) *Modeling and Control of Engineering Systems.* Florida: CRC Press.

[8] de Silva, C.W. (2007) *Sensores e Actuadores: Instrumentação de Sistemas de Controlo.* Florida: CRC Press.

[9] Dehua, S., Chen, L., Wang, R., Jiang, H. e Shen, Y. (2015) 'Design and experiment study of a semi-active energy-regenerative suspension system', *Smart Materials and Structures,* 24.

[10] Fischer, D. e Isermann, R. (2004) "Mechatronic semi-active and active vehicle suspensions", *Control Engineering Practice,* 12, pp. 1353-1367.

[11] Gillespie, T.D. (1992) *Fundamentals of Vehicle Dynamics.* Estados Unidos da América: SAE.

[12] Goldner, R.B. e Zerigian, P. (2001) 'A Preliminary Study of Energy Recovery in Vehicles by Using Regenerative Magnetic Shock Absorbers', *SAE Technical papers,* 01-2071.

[13] Gordon, T.J. (1995) "Non-Linear Optimal Control of a Semi-Active Vehicle Suspension System", *Chaos, Solitons and Fractals,* 5(9), pp. 1603-1617.

[14] Gupta, A., Jendrzejczyk, J.A. e Mulcahy, T.M. (2006) "Design of electromagnetic shock absorbers", *Int J Meeh Mater Des,* 3, pp. 285291.

[15] Gysen, B.L.J., Janssen, J.L.G., Paulides, J.J.H. e Lomonova, E.A. (2009) 'Design Aspects of an Active Electromagnetic Suspension System for Automotive Applications', *IEEE TRANSACTIONS ON INDUSTRY APPLICATIONS,* 45(5), pp. 1589-1597.

[16] Hedrick, J.K. e Butsuen, T. (1989) 'Invariant properties of automotive suspensions', *Proceedings of the Institution of Mechanical Engineers,* 204.

[17] Heit, J., Christensen, D. e Roundy, S. (2013) 'A Vibration Energy Harvesting Structure, tunable over a wide frequency range using minimal actuation', *Proceedings of the ASME 2013 Conference on Smart Materials, Adaptive Structures and Intelligent Systems, .*

[18] Heit, J. e Roundy, S. (2014) 'A Framework for Determining the Maximum Theoretical Power Output for a Given Vibration Energy', *Journal of Physics: Conference series 557.*

[19] Hrovat, D. (1997) 'Survey of Advanced Suspension Developments and

Related Optimal Control Applications', *Automatica,* 33(10), pp. 17811817.

[20] Hrovat, D. (1990) "Optimal Active Suspension Structures for Quartercar Vehicle Models", *Automatica,* 26(5), pp. 845-860.

[21] Jiangtao, C., Liu, H., Li, P. e Brown, D.J. (2008) 'State of the Art in Vehicle Active Suspension Adaptive Control Systems Based on Intelligent Methodologies', *IEEE TRANSACTIONS ON INTELLIGENT TRANSPORTATION SYSTEMS,* 9(3), pp. 392-405.

[22] Jonasson, M. e Roos, F. (2008) "Design and evaluation of an active electromechanical wheel suspension system", *Mechatronics 18,* pp. 218-230.

[23] Kashyzadeh, K.R., Ostad-Ahmad-ghorabi, M.J. e Arghavan, A. (2013) "Study effects of vehicle velocity on a road surface roughness simulation", *Applied Mechanics and Materials,* 372, pp. 650.

[24] Khoshnoud, F., Dell, D.J., Chen, Y.K., Calay, R.K., de Silva, C.W. e Owhadi, H. (2013) "Self-Powered Dynamic Systems", Munique, Alemanha, 1-5 de julho.

[25] Khoshnoud, F., Sundar, D.B., Badi, M.N.M., Chen, Y.K., Calay, R.K. e de Silva, C.W. (2013) 'Energy harvesting from suspension systems using regenerative force actuators', *International Journal of Vehicle noise and vibration,* 9(3\4), pp. 294.

[26] Khoshnoud, F., Zhang, Y., Shimura, R., Shahba, A., Jin, G., Pissanidis, G., Chen, YK. e de Silva, C.W. (2015) 'Energy Regeneration from Suspension Dynamic Modes and Self-Powered Actuation', *IEEE\ASME TRANSACTIONS ON MECHATRONICS.*

[27] Koch, G., Fritsch, O. e Lohmann, B. (2010) "Potential of low bandwidth active suspension control with continuously variable damper", *Control Engineering Practice,* pp. 1251-1262.

[28] Koch, G. e Kloiber, T. (2014) 'Driving State Adaptive Control of an Active Vehicle Suspension System', *IEEE TRANSACTIONS ON CONTROL SYSTEMS TECHNOLOGY,* 22(1).

[29] Koch, G., Pellegrini, E., Spirk, S. e Lohmann, B. (2010) "Design and Modeling of a Quarter-Vehicle Test Rig for Active Suspension Control", *Relatórios técnicos sobre controlo automático,* TRAC-5.

[30] Kumar, M.S. e Vijayarangan, S. (2007) "Analytical and experimental studies on active suspension system of light passenger vehicle to improve ride comfort", *Mechanika,* 3(65), pp. 1392-1207.

[31] Kumar, M.S. e Vijayarangan, S. (2006) "Design of LQR controller for active suspension system", *Indian Journal of Engineering & Materials Ciências,* 13, pp. 173-179.

[32] Li, Z., Zuo, L., Kuang, J. e Luhrs, G. (2013) 'Energy-harvesting shock

absorber with a mechanical motion rectifier', *Smart Mater. Struct.,* 22.

[33] Li, Z., Zuo, L., Luhrs, G., Lin, L. e Qin, Y. (2013) 'Electromagnetic Energy-Harvesting Shock Absorbers: Design, Modelação e Testes em Estrada", *IEEE TRANSACTIONS ON VEHICULAR TECHNOLOGY,* 62(3), pp. 1065-1074.

[34] Li, Z., Zuo, L., Luhrs, G., Lin, L. e Qin, Y. (2012) 'Electromagnetic Energy-Harvesting Shock Absorbers: Design, Modelação e Testes em Estrada", *IEEE TRANSACTIONS ON VEHICULAR TECHNOLOGY.*

[35] Liu, S., Wei, H. e Wang, W. (2011) "Investigação sobre algumas questões-chave do amortecedor regenerativo com motor rotativo para suspensão automóvel", *IEEE,* 978(1).

[36] Ma, M.M. and Chen, H. (2011) 'Disturbance attenuation control of active suspension with non-linear actuator dynamics', *!ET Control Theory Applications,* 5(1), pp. 112-122.

[37] Martins, I., Esteves, J., Marques, G.D. e da Silva, F.P. (2006) 'Permanent-Magnets Linear Actuators Applicability in Automobile Active Suspensions', *IEEE TRANSACTIONS ON VEHICULAR TECHNOLOGY,* 55(1), pp. 86-94.

[38] Montazeri-Gh, M. and Kavianipour, O. (2014) 'Investigation of the active electromagnetic suspension system considering hybrid control strategy', *Mechanical Engineering Science,* 228(10), pp. 1658-1669.

[39] Montazeri-Gh, M. e Kavianipour, O. (2014) "Road profile effects on the performance and energy regeneration of the electromagnetic suspension system", *Proceedings of the Institution of Mechanical Engineers, Part K: Multi-body dynamics,* 228(3), pp. 266-281.

[40] Montazeri-Gh, M. e Soleymani, M. (2010) "Investigation of the Energy Regeneration of Active Suspension System in Hybrid Electric Vehicles", *IEEE TRANSACTIONS ON INDUSTRIAL ELECTRONICS,* 57(3), pp. 918-925.

[41] Naidu, D.S. (2003) *Optimal Control Systems.* Estados Unidos da América: CRC Press.

[42] Nakano, K., Suda, Y. e Nakadai, S. (2003) "Self-powered active vibration control using a single electric actuator", *Journal of Sound and Vibration,* 260, pp. 213-235.

[43] Okada, Y., Harada, H. e Suzuki, K. (1997) "Active and regenerative control of an electrodynamic-type suspension", *The Japan society of mechanical engineers,* 40(2).

[44] Pacejka, H.B. (2006) *Tyre and Vehicle Dynamics.* Second Edition edn. Reino Unido: Butterworth-Heinemann.

[45] Rouillard, V, Sek, M.A. e Bruscella, B. (2001) "Simulation of road surface

profiles", *Journal of Transportation Engineering,* 127, pp. 247.

[46] Roundy, S. (2005) "On the Effectiveness of Vibration-based Energy Harvesting", *Journal of Intelligent Materials Systems and Structures,* 16(5), pp. 809-823.

[47] Roundy, S., Leland, E.S., Baker, J., Carleton, E., Reilly, E., Lai, E., Otis, B., Rabaey, J.M., Wright, P.K. e Sundararajan, V. (2005) 'Improving Power Output for Vibration-Based Energy Scavengers', *IEEE CS e IEEE ComSoc,* (5).

[48] Roundy, S., Wright, P. e Rabaey, J. (2003) "A study of low level vibrations as a power source for wireless sensor nodes", *Computer Communications,* 26, pp. 1131-1144.

[49] Sayers, M.W. e Karamihas, S.M. (1996) *Interpretation of road roughness profile data.* Michigan: Instituto de Investigação dos Transportes da Universidade do Michigan.

[50] Schiehlen, W. (2006) "White noise excitation of road vehicle structures", *Sadhana - Academy Proceedings in Engineering Sciences,* 31(4), pp. 487.

[51] Smith, M.C. e Walker, G.W. (2000) "Performance Limitations and Constraints for Active and Passive Suspensions: a Mechanical Multiport Approach", *Vehicle System Dynamics: International Journal of Vehicle Mechanics and Mobility,* 33(3), pp. 137-168.

[52] Spelta, C., Previdi, F., Savaresi, S.M., Bolzern, P, Cutini, M., Bisaglia, C. e Bertinotti, S.A. (2011) "Performance analysis of semi-active suspensions with control of variable damping and stiffness", *Vehicle System Dynamics: International Journal of Vehicle Mechanics and Mobility,* 49(1-2), pp. 237-256.

[53] Stephen, N.G. (2006) "On energy harvesting from ambient vibration", *Journal of Sound and Vibration,* 293, pp. 409-425.

[54] Sun, W., Gao, H. e Kaynak, O. (2015) 'Vibration Isolation for Active Suspensions With Performance Constraints and Actuator Saturation', *IEEE/ASME TRANSACTIONS ON MECHATRONICS,* 20(2), pp. 675683.

[55] Taghirad, H.D. e Esmailzadeh, E. (1997) 'Automobile Passenger Comfort assured through LQG/LQR Active Suspension', *Journal of Vibration and Control,* .

[56] Thompson, A.G. (1970) "Design of Active Suspensions", *Proceedings of the Institution of Mechanical Engineers,* 71.

[57] Trevitt, A. (2014) ***Semi-Active Suspension.*** Disponível em: http://www. sportrider. com/tech/ semi-active-suspension (Acesso em: 24 de agosto de 2015).

[58] Trigona, C., Dumas, N., Latorre, L., Ando, B., Baglio, S. e Nouet, P. (2011) 'Exploiting Benefits of a Periodically-Forced Nonlinear Oscillator for Energy

Harvesting from Ambient Vibrations', *Proceedings of Eurosensors XXV,* 25, pp. 819-822.

[59] Tseng, H.E. e Hrovat, D. (2015) "State of the Art in Vehicle Active Suspension Adaptive Control Systems Based on Intelligent Methodologies", *Vehicle System Dynamics: International Journal of Vehicle Mechanics and Mobility,* 53(7), pp. 1034-1062.

[60] Turkay, S. e Akcay, H. (2010) "Influence of tire damping on the ride performance potential of quarter-car active suspensions", *IEEE.*

[61] Turner, C.L. (2014) *Avaliação de Métodos de Controlo Robusto para Sistemas de Suspensão Ativa utilizando Modelação Completa do Veículo* Engenharia de Desportos Motorizados não publicada. Universidade de Brunel.

[62] Valasek, M., Novak, M., Sika, Z. e Vaculin, O. (2007) "Extended Groundhook - New concept of semi-active control of truck's suspension", *Vehicle System Dynamics: International Journal of Vehicle Mechanics and Mobility,* 27(5-6), pp. 289.

[63] Wang, J. e Shen, S. (2008) "Integrated vehicle ride and roll control via active suspensions", *International Journal of Mechanics and Vehicle Mobility* 46(S1), pp. 495-508.

[64] Wang, J., Wang, W. e Atallah, K. (2011) "A Linear PermanentMagnet Motor for Active Vehicle Suspension", *IEEE TRANSACTIONS ON VEHICULAR TECHNOLOGY,* 6(1), pp. 55-63.

[65] Weichao, S., Huijun, G. e Bin, Y. (2013) "Adaptive Robust Vibration Control of Full-Car Active Suspensions with Electrohydraulic Actuators", *IEEE TRANSACTIONS ON CONTROL SYSTEMS TECHNOLOGY,* 21(6), pp. 2417-2422.

[66] Colaboradores da Wikipédia (2015) *Suspensões activas.* Disponível em: https://en.wikipedia.org/wZindex.php? title=Active suspension&oldid = 666106815 (Acedido em: 24 de agosto de 2015).

[67] Colaboradores da Wikipédia (2015) *Linear actuator.* Disponível em: https://en. wikipedia.Org/w/index.php?
title= Linear actuator&oldid=679253243 (Acesso em: 18 de agosto de
2015).

[68] Colaboradores da Wikipédia (2015) *Regulador linear-quadrático.* Disponível em: https://en.wikipedia.Org/w/index. php?title=Linear-quadraticregulator&oldid= 667055354 (Acedido em: 17 de agosto de 2015).

[69] Colaboradores da Wikipédia (2015) *Teoria do gancho aéreo.* Disponível em: Skyhook theory (Acedido em: setembro/08 2015).

[70] Colaboradores da Wikipédia (2015) *State-space representation.*

Disponível em: https://en.wikipedia.Org/w/index. php?title=State- space representation& oldid= 676709232 (Acedido em: 28 de julho de 2015).

[71] Colaboradores da Wikipédia (2015) *Williams FW15C.* Disponível em: https://en. wikipedia. Org/w/index.php? title=Williams FW15C&oldid=666479165 (Acedido em: 11 de agosto de 2015).

[72] Williams, D. e Haddad, W. (1997) "Active Suspension Control to Improve Vehicle Ride and Handling", *Vehicle System Dynamics,* 28, pp. 1-24.

[73] Yahaya, M.S., Mohd. Ruddin Hj. Ab.Ghani e Ahmad, N. (2000) 'LQR Controller for Active Car Suspension', *IEEE,* 8.

[74] Yonglin, Z. (2006) ' Numerical simulation of stochastic road process using white noise filtration ', *Mechanical systems and signal processing,* 20(2), pp. 363.

[75] Yonglin, Z. (2006) "Numerical simulation of stochastic road process using white noise filtration", *Mechanical systems and signal processing,* 20(2), pp. 363.

[76] Zhang, J.Q., Zao, P.Z., Zhang, L. e Zhang, Y. (2013) 'A Review on Energy-Regenerative Suspension Systems for Vehicles', *Actas do Congresso Mundial de Engenharia,* 3.

[77] Zhang, Y. (2012) *Extração de energia do sistema de suspensão utilizando actuadores regenerativos* MSc Automotive Engineering não publicado. *Universidade de Hertfordshire.*

[78] Zuo, L., Scully, B., Shestani, J. e Zhou, Y. (2010) 'Design and characterization of an electromagnetic energy harvester for vehicle suspensions', *Smart Materials and Structures,* 19.

[79] Zuo, L. e Zhang, P.S. (2012) 'Energy harvesting, ride comfort, and road handling of regenerative vehicle suspensions', *ASME Journal of vibrations and acoustics.*

[80] Zuo, L. e Zhang, P.S. (2012) 'Energy harvesting, ride comfort, and road holding of regenerative vehicle suspensions', *ASME Journal of vibrations and acoustics.*

[81] Wong, J. Y. (2001) *"Theory of ground vehicles",* John Wiley & sons

Apêndice

A.1 Código MATLAB para a simulação do quarto de carro

```
Ms=320;                  % Sprung mass (kg)
Mus=40;                  % Unsprung mass (kg)
Ks=18000;                % Suspension spring stiffness (N/m)
Kus=200000;              % Tyre stiffness (N/m)
bs=1000;                 % Damping coefficient (Ns/m)

% State space
% Xdot=AX+BU
% Y=AX+BU

% States
% xa=z2-z1              % z2-displacement of sprung mass
% xb=z2dot
% xc=z1-z0              % z1-displacement of unsprung mass
                        % z0-road input displacement
% xd=z1dot

% Inputs   ua=z0dot   ub=F

% Outputs
% ya=z2-z1
% yb=z2dot
% yc=z1-z0
% yd=z1dot
% ye=z2doubledot
% yf=z2-z1

A=[0 1 0 -1; -Ks/Ms -bs/Ms 0 bs/Ms; 0 0 0 1;
    Ks/Mus bs/Mus -Kus/Mus -bs/Mus];

B=[0 0; 0 1/Ms; -1 0; 0 -1/Mus];

Blqr=[0; 1/Ms; 0; -1/Mus];

C=[1 0 0 0; 0 1 0 0; 0 0 1 0; 0 0 0 1;
    -Ks/Ms -bs/Ms 0 bs/Ms; 1 0 0 0];

Cbode=[-Ks/Ms -bs/Ms 0 bs/Ms; 1 0 0 0];

D=[0 0; 0 0; 0 0; 0 0; 0 1/Ms; 0 0];

Dbode=[0 1/Ms; 0 0];

Q=[10 0 0 0; 0 10 0 0; 0 0 1 0; 0 0 0 1];

R=[0.00001];

K=lqr(A,Blqr,Q,R);

damp(A)
```

```
damp(A-Blqr*K)

S=ss(A,B,Cbode,Dbode);

figure(1)
bode(S)

figure(2)
pzplot(S)
```

A.2 Código MATLAB para o modelo de meio veículo

```
ms=505.1;            % Half car mass (kg)
mu=35;               % unsprung mass (kg)
ksf=15000;           % front suspension spring stiffness (N/m)
ksr=15000;           % rear suspension spring stiffness (N/m)
Bsf=1500;            % front damping coefficient (Ns/m)
Bsr=1500;            % Rear damping coefficient (Ns/m)
ku=155900;           % tyre stiffness (N/m)
a=1.2;               % distance of CG from front axle (m)
b=1.4;               % distance of CG from rear axle (m)
I=1848;              % pitch moment of inertia (kgm2)

A=[0                 1              0                    0
   0           0           0           0;
   (-ksf-ksr)/ms    (-Bsf-Bsr)/ms   (a*ksf-b*ksr)/ms     (a*Bsf-b*Bsr)/ms
   ksf/ms       Bsf/ms      ksr/ms       -Bsr/ms;
   0                 0              0                    1
   0           0           0           0;
   (a*ksf-b*ksr)/I  (a*Bsf-b*Bsr)/I (-a*a*ksf-b*b*ksr)/I
   (-a*a*Bsf-b*b*Bsr)/I (-ksf*a)/I   (-Bsf*a)/I  (ksr*b)/I    (Bsr*b)/I;
   0                 0              0                    0
   0           1           0           0;
   ksf/mu            Bsf/mu         (-ksf*a)/mu          (-Bsf*a)/mu
   (-ksf-ku)/mu -Bsf/mu     0           0;
   0                 0              0                    0
   0            0          0           1;
   ksr/mu            Bsr/mu         (ksr*b)/mu           (Bsr*b)/mu
   0           0           (-ksr-ku)/mu -Bsr/mu];

B=[0           0           0           0;
   0           0           1           1;
   0           0           0           0;
   0           0           -a          b;
   0           0           0           0;
   ku          0           -1          0;
   0           0           0           0;
   0           ku          0           -1];

C=[1           0           0           0           0
    0          0           0;
   0           0           1           0           0
   0          0           0;
   0           0           0           0           1
   0          0           0;
   0           0           0           0           0
   0          1           0];
```

```
D=zeros(12,4);

Blqr=[0        0;
      1        1;
      0        0;
      -a       b;
      0        0;
      -1       0;
      0        0;
      0        -1];

Q=[10     0      0      0      0      0      0      0;
    0     1      0      0      0      0      0      0;
    0     0      10     0      0      0      0      0;
    0     0      0      1      0      0      0      0;
    0     0      0      0      1      0      0      0;
    0     0      0      0      0      1      0      0;
    0     0      0      0      0      0      1      0;
    0     0      0      0      0      0      0      1];

R=[0.01    0
    0      0.01];

K=lqr(A,Blqr,Q,R)

damp(A)

damp(A-Blqr*K)
```

Printed by Books on Demand GmbH, Norderstedt / Germany